Die praktische Chromgerberei und Färberei

Ratgeber für die Lederindustrie
insbesondere für Fabrikanten, Leiter
Gerber, Färber und Zurichter

von

C. R. Reubig
Fabrikdirektor und Gerber

Springer-Verlag Berlin Heidelberg GmbH
1926

ISBN 978-3-662-31412-8   ISBN 978-3-662-31619-1 (eBook)
DOI 10.1007/978-3-662-31619-1

Vorwort.

Dem Bedürfnis der Gerber zu entsprechen, hat es sich der Verfasser angelegen sein lassen, seine langjährigen, praktischen Erfahrungen durch dieses Buch der Gerberwelt zu übermitteln.

Von vornherein möchte der Verfasser darauf hinweisen, daß die langen theoretischen Abhandlungen, die vielfach in den besten Büchern zu finden sind und den Umfang dieser meist bestimmen, keineswegs dem Geschmacke der Fachleute entsprechen, da diese praktisches Wissen suchen. Die Theorie ist deshalb hier auf das Minimum beschränkt worden.

Der Verfasser hat den Hauptwert auf den „praktischen Inhalt" dieses Buches gelegt, mit genauen Angaben mehrerer vielfach durchgearbeiteter und bewährter Methoden.

Der geneigte Leser wird, sobald er das Buch umsichtig durchliest, so manches darin finden, was ihm bisher nicht ganz klar oder völlig unbekannt gewesen sein dürfte.

Der Verfasser würde sich außerordentlich freuen, wenn es ihm gelingen würde, durch dieses Werk den emporstrebenden Fachleuten zur Bereicherung ihres praktischen Wissens und zu ihrem besseren Fortkommen behilflich gewesen zu sein.

Im übrigen dürfte das vorliegende Werk der Lederindustrie ein willkommener Begleiter sein und seinen Zweck erfüllt haben, wenn es dem Praktiker ein guter Ratgeber ist und ihn in der Ausübung seines Berufes unterstützt.

Z. Zt. Mediasch (Siebenbürgen, Rumänien),
im Januar 1926.

C. R. Reubig.

Inhaltsverzeichnis.

Einleitung.

Die Chromgerberei ist in der letzten Zeit sehr bedeutend
geworden, und wenn man heute in die Vergangenheit zurück-
blickt, muß man unbedingt zugeben, daß Großartiges geleistet
wurde.

Wir verdanken dieses unseren Fachleuten, vor allen Dingen
den Praktikern, die, der Arbeit und der Versuche nicht müde,
rastlos vorwärtsstrebten. Selbstverständlich hat die Chemie
einen sehr großen Anteil an diesen Arbeiten, da es ohne sie dem
Praktiker nicht so leicht möglich gewesen wäre, manche Geheim-
nisse zu erschließen und weiter darauf aufzubauen.

Die Chromgerbung ist eine Mineralgerbung, die sich auf
chemische und physikalische Prozesse stützt. Beide sind sehr eng
miteinander verbunden, und von der Anpassung beider aneinander
hängt das gute Gelingen aller Arbeit der Gerberei ab.

Die feinste Verteilung und Ablagerung der Chromverbindung
in der Haut ist der Zweck und das große Geheimnis dieser Gerbmethode. Da bei der Chromgerbung das Rohmaterial eine sehr
große Rolle spielt, ist es für den Gerber sehr wichtig, daß er
damit gehörig vertraut ist. Die heute noch zum Teil herrschende
Meinung, daß Haut Haut ist und bei der Verarbeitung weniger
eine Rolle spielt, ist irrtümlich und nicht zu billigen, da eben
dadurch viele Fehler gemacht werden.

Die zweckmäßige Behandlung der rohen Haut und die nachfolgende Wasserwerkstatt bilden die Grundlage für die Qualität
des fertigen Produkts; vorausgesetzt, daß die nachfolgenden
Arbeiten sachgemäß verlaufen.

Abhängig von diesen Vorarbeiten ist die Färberei, die bei
der Herstellung farbiger Chromleder eine besondere Aufmerksamkeit erfordert; es ist daher von vornherein ganz besonders auf die

Wasserwerkstatt das Auge zu richten, damit gröbere Fehler vermieden werden.

Eine Ascherschwulst oder eine übermäßige Schwellung durch
die Gerbung ist absolut zu vermeiden, da Farbleder in der Regel
nicht so kräftig verlangt werden; es erscheint daher ratsam,
das Hautmaterial im Äscher und in der Gerbung möglichst flach
zu halten, wobei aber eine genügende Fülle (Griff) vorhanden
sein muß. Der Vorteil liegt darin, daß die Mastschwielen und
Genickfalten glatt liegen, wodurch ein schöneres und egaleres Leder
erhalten wird.

Die Zurichtung ist neben allen anderen Arbeiten ebenfalls
von Wichtigkeit, da durch sie das Leder die nötige Eleganz
erhalten soll, und der Verkauf mehr oder weniger davon abhängig ist.

I. Die Chromgerbung im allgemeinen.

A. Das Rohmaterial.

Die Chromgerbung eignet sich zur Herstellung von Ober-, Unter-, Bekleidungs- und technischen Ledern. Zur Verwendung kommen leichte und schwere Rindshäute, Roßhäute, Kalb-, Ziegen-, Schaf-, Fohlen-, Zickel- und Lammfelle.

Keine andere Gerbungsart stellt so hohe Ansprüche an die Beschaffenheit der Rohware wie die Chromgerbung. Die Qualität der Rohware steht im innersten Zusammenhang mit der Erzeugungsgegend, wo auf eine gute Ernährung und Pflege der Tiere besonderer Wert gelegt wird.

Empfindlichen Schaden an den Häuten richtet die Dasselfliege an, durch die in manchen Ländern nahezu $80\,\%$ der Häute minderwertig gemacht werden.

Die Beseitigung dieser Schäden bildete in den letzten Jahren den Beratungsgegenstand der aus den verschiedenen Ländern eingesetzten Kommissionen zur Bekämpfung der Dasselfliege.

1. Die Tierhaut.

Eine wichtige Rolle in der Chromgerberei spielt das zur Verwendung kommende Rohmaterial, von dem mehr oder weniger das Ergebnis abhängig ist. Flache, hungrige Häute und Felle sind nicht geeignet, da am fertigen Leder beide Fehler in Erscheinung treten. In manchen Fällen läßt sich eine Aufbesserung durchführen.

In der Chromgerberei werden sowohl zahme als auch Wildhäute verarbeitet, die zum Teil getrocknet und gesalzen sind. Gesalzene Häute lassen sich natürlich besser verarbeiten, doch erhält man von trocknen gleich gute Resultate. Man ist vielfach der Ansicht, daß aus getrocknetem Material ein nicht so gutes

Leder erhalten wird; doch ist diese Ansicht nicht haltbar, da das Produkt bei entsprechender Behandlung dem aus gesalzenem Material hergestellten Leder absolut gleichkommt, vorausgesetzt, daß es sich um einwandfreie Ware handelt. Die Zusammensetzung der Tierhaut dürfte heute wohl jedem Gerber bekannt sein; daher soll hier nur kurz erwähnt werden:

1. die Oberhaut (Epidermis),
2. die mittlere Lederhaut,
3. das Unterhautzellgewebe.

Für die Gerberei kommt die mittlere Lederhaut in Frage, die nach Entfernung der Epidermis und des Unterhautzellgewebes Blöße genannt wird. Die obere Schicht der Lederhaut, Narbe genannt, besteht aus feinen, vielfach gewundenen Faserbündeln, die mit der Oberfläche der Lederhaut parallel verlaufen oder nach der Beschaffenheit derselben in geringer Neigung auf- und absteigen, wobei sich aber die faserigen Elemente und Faserbündel auseinander legen und untereinander durchflechten. Die oberste Schicht des Narbens bildet eine feine, äußerst dünne, hyaline Schicht, die den natürlichen Glanz des Narbens am fertigen Leder verursacht. Bei manchen Häutesorten ist der Narbe sehr empfindlich und Beschädigungen machen ihn unansehnlich. Verschiedene Ledersorten werden mitunter von dieser Schicht absichtlich befreit (durch das Abschleifen), wodurch die Haut den natürlichen Glanz verliert.

Diese hyaline Schicht besitzt nur eine geringe Widerstandsfähigkeit und fast keine Elastizität. Durch chemische oder physikalische Prozesse jedoch kann man einen mehr oder weniger spröden und harten, anderseits auch einen recht zähen und schönen Narben erzielen.

Die Narbensprödigkeit und -härte kann sehr verschiedenartig begründet sein, so z. B. durch Übersättigen von Gerbstoff bei vegetabilischen Ledern, zu rasches Trocknen, sowie durch übermäßige Beschwerung, mangelhafte Entkälkung, schlechte Entsäuerung, glasige Narbe, durch zu scharfen Äscher; daß aber die Gegenwart von Kalk einen brüchigen Narben verursacht, ist keineswegs immer der Fall.

Diese Narbenschicht kann man auch durch leimartige, säurehaltige Appreturen brüchig machen. Die Ursache für die Brüchigkeit des Leders (Narben) läßt sich immer feststellen.

Die Oberfläche der Lederhaut ist mit zahllosen Hautwärzchen besetzt. Diese Hautwärzchen sind es, die das charakteristische Korn (das Grain) der verschiedenen Häutesorten verursachen und am fertigen Leder den Ursprung der Haut kennzeichnen.

Ein großer Irrtum wäre es aber anzunehmen, daß der Narben auf der ganzen Oberfläche der Haut gleichmäßig sei. Es läßt sich sehr wohl durch eine geeignete Gerbmethode ein durch Krispeln gleichmäßiges Korn erzielen, man bezeichnet dies als einen festsitzenden Narben; sobald aber das Korn gelockert ist, spricht man von losen Narben (der Narben rinnt). Bei letzterem gibt es verschiedene Stadien, und die Beurteilung der Felle wird sich danach zu richten haben. Da man an der Blöße etwaige Fehler erkennt, ist es vorteilhaft, schon hier das Sortieren vorzunehmen, wobei man die narbenreinen der Chromgerberei, die beschädigten der vegetabilischen Gerberei zuführt.

Diesem Umstand muß daher besonders Rechnung getragen werden, und es ist fast unerläßlich, neben der Herstellung von Chromleder auch vegetabilisch gegerbtes Leder zu fabrizieren, um die Rentabilität günstiger zu gestalten.

2. Die Konservierung der Häute und Felle.

Ein sofortiges Verarbeiten der frischen Häute und Felle wäre wohl das idealste, findet aber nur in seltenen Ausnahmen statt. Da einzelne, Leder erzeugende Länder Mangel an Rohware haben und solche importieren müssen, muß eine Konservierung stattfinden, um das Rohmaterial vor größerem Schaden zu bewahren. Darunter muß keinesfalls ein Verfaulen verstanden werden; es genügt schon ein Mattwerden der Häute oder Felle durch zu langes Liegenlassen bei mangelhafter Konservierung. Derartige Fehler müssen bei einem Rohmaterial, das für die Chromgerberei bestimmt ist, unter allen Umständen vermieden werden. Matte Stellen verursachen in der Regel Chromnester, die auch bei tadelloser Gerbung eintreten können.

Das Konservieren der Häute und Felle erfolgt am zweckmäßigsten mit Kochsalz, das mit Petroleum denaturiert ist. Diese Methode dürfte unzweifelhaft die verbreitetste sein.

Da das Salz hygroskopisch ist, entzieht es naturgemäß dem Hautmaterial bedeutende Mengen an Wasser, so daß ein Gewichtsverlust bis zu 15% des ursprünglichen Gewichts (Grüngewichts) eintritt. Das Konservieren muß unbedingt unter fachmännischer Leitung durchgeführt werden, da von ungeübten Händen sehr viel Schaden angerichtet werden kann. Es treten aber auch bei ordnungsgemäßer Konservierung Salzflecken auf. Die Ursache ist darin zu suchen, daß durch zu langes Liegenlassen vor dem Salzen mehr oder weniger matte Stellen entstehen, die durch das Salz angegriffen werden (die Substanz wird verzehrt) und als Salzflecken auftreten. Sobald nun diese matten Stellen der Haut stark zersetzt sind, ist Salzfraß immer die Folge. Salzflecke, wenn sie nur die Aasseite betreffen, sind keinesfalls gefährlich, da sie durch das Weichen meistens verschwinden. Abfälliges und flaches Rohmaterial unterliegt diesem Übel am meisten, und daher muß dieser Rohware eine besondere Aufmerksamkeit beigemessen werden. Eine kräftige, kernige Ware ist viel widerstandsfähiger und daher weniger mit diesem Fehler behaftet.

Salzflecken am Narben bilden kleinere oder größere zusammengezogene, rauhe Stellen, die je nach dem Stadium, in dem sie sich befinden, verschiedenartige Färbungen aufweisen und nicht mehr zu beseitigen sind. Daß sie durch die spätere mechanische Bearbeitung zerspringen, ist nicht immer der Fall.

B. Die Wasserwerkstatt.

Motto:
Das Leder, das der Gerber herstellen will,
muß er in der Wasserwerkstatt erzeugen.

Der wichtigste Teil der Ledererzeugung ist unzweifelhaft die Wasserwerkstatt mit ihren mehr oder weniger umfangreichen Arbeiten. Man ist auch heute noch vielfach der Ansicht, daß die Gerberei der ausschlaggebende Faktor sei, und man mißt vorkommende Fehler dieser nur zu leicht bei. Alles Laborieren in der Gerberei, ohne Rücksichtnahme auf die Wasserwerkstatt, ist in den allermeisten Fällen zwecklos. Es kann daher die Ansicht bezüglich der Wichtigkeit der Gerberei nicht mehr aufrechterhalten werden. Die im Handel befindlichen Extrakte stoßen vielfach auf größere Schwierigkeiten und haben zum Teil Mißerfolg, weil lediglich ein Fehler in der Wasserwerkstatt gemacht wurde. Da nun die Einführer dieser Fabriken noch viel zu wenig mit ihr vertraut sind, können sie sich in der Regel nur selten helfen und man hört nur zu oft den Gerber sagen: „Der Extrakt taugt nichts!" Es ist daher unbedingt eine umfangreiche Kenntnis der Wasserwerkstatt und ihrer Arbeiten erforderlich. Damit soll aber hier nicht zum Ausdruck gebracht werden, daß man der Gerberei das Interesse nicht mehr entgegenbringen soll wie seither.

Alle Fehler aber, die in der Wasserwerkstatt gemacht werden, sind größtenteils gar nicht oder nur selten zu beheben.

1. Das Weichen.

Das Weichen ist ein Prozeß, der eine große Sorgfalt erfordert, da man durch unsachgemäßes Ausführen mehr oder weniger Schaden anrichten kann. Ein zu langes Weichen hat ein Mattwerden zur Folge, das schwer behoben wird; das fertige Leder neigt sehr leicht zu losen Narben.

Für Chromleder ist ein kurzes Weichen sehr vorteilhaft. Die bis heute noch vertretene Ansicht, daß die Häute salzrein sein müssen, ist nicht immer zu billigen, da man ja sowieso dem Äscher Salz zusetzt. Ein einmaliger Wasserwechsel genügt vollkommen; gesalzene Rohware in fließendes Wasser zu hängen, ist nicht ratsam. Trockene Häute und Felle werden in einer angeschärften Weiche behandelt, damit auch hier ein kürzeres Weichen durchgeführt werden kann. In den heißen Sommermonaten setzt man dem Weichwasser für gesalzene Ware vorteilhaft etwas Zinnchlorid zu, da dieses antiseptisch wirkt.

Zum Anschärfen der Weichbrühe nimmt man am vorteilhaftesten das Ätznatron; es ist am besten geeignet, da es ein sehr gutes Quellungsvermögen besitzt, dabei aber die Hautsubstanz am wenigsten angreift. Dieses ist bei Chromleder sehr wichtig.

Das Ätznatron wird möglichst kalt aufgelöst und dann dem Weichwasser zugesetzt. Man rechnet auf 1 m^3 1—1,5 kg, bei ganz schwerer und sonnenbrandiger Ware erhöht sich die Zugabe bis auf das Doppelte. Sind die Häute gequollen, werden sie in frisches Wasser gebracht, wodurch die Quellung verschwindet; nunmehr werden sie gestreckt und nachgewässert. Ein für gesalzene Ware sehr geeignetes Zusatzmittel ist die Salzsäure, da das Material sehr schnell und dabei gut geweicht wird.

Das Walken der Häute und Felle ist möglichst zu vermeiden, um die Struktur nicht übermäßig zu lockern, da dies nachteilig wirkt.

Trockene **Ware** muß immer in angeschärfter Weiche behandelt werden, um dadurch ein schnelles Quellen zu ermöglichen und den Prozeß erheblich abzukürzen. Ein zu langes Weichen zieht auch Hautsubstanzverlust nach sich, der absolut zu vermeiden ist.

Das Weichen richtet sich nach den Wasserverhältnissen, der Herkunft und Beschaffenheit der einzelnen Provenienzen.

Man ist heute vielfach der Meinung, daß das Wasser bei der Ledererzeugung keinen Einfluß mehr ausüben kann und doch ist diesem vielfach große Wichtigkeit beizumessen.

Wir unterscheiden in der Chromgerberei vier Härtestadien:

1. Wasser bis 5° deutscher Härte ist noch als weiches Wasser anzusehen, das absolut keinen Einfluß beim Färben und Fetten hat.

2. Wasser bis 15° deutscher Härte ist als hartes Wasser anzusehen, das beim Färben und Fetten nachteilig wirkt. Es muß daher für diese Zwecke weich gemacht werden.

3. Wasser bis 30° deutscher Härte ist sehr hart, das aber auf die Vorarbeiten keinerlei Einflüsse hat.

4. Wasser mit mehr als 30° deutscher Härte ist abnorm, das auch bei den Vorarbeiten keinen Nachteil zeigt.

Bakterienhaltiges Wasser ist für die Gerberei im allgemeinen sehr nachteilig, mitunter überhaupt nicht verwendbar.

Wasser von fünf deutschen Härtegraden ermöglicht ein sehr angenehmes Arbeiten.

Das Weichen der Häute und Felle geschieht am zweckmäßigsten in Gruben mit einer Vorrichtung zum Einhängen. Das Hineinwerfen des Hautmaterials ist nicht ratsam, da eben dadurch nur ein mangelhaftes Weichen erreicht wird. Um nun dasselbe zu verhindern, muß öfters aufgeschlagen werden, wodurch aber sehr viel Zeit verlorengeht.

Werden aber die Häute oder Felle eingehängt, fällt diese Arbeit fort und man erzielt den gewünschten Effekt. Auch ist dabei der Wasserwechsel sehr einfach, da durch eine Ablaßvorrichtung das Wasser abgelassen und dann wieder gefüllt wird.

Walkmühlen, auch Hautmühlen genannt, wie sie in England und Amerika noch benutzt werden, gehören den alten Zeiten an, da durch diese mechanische Bearbeitung das Hautmaterial sehr leidet. Trockene Häute kann man, wenn sie genügend vorgeweicht sind, im Walkfaß behandeln, wenn es einen langsamen Gang hat und reichliche Wasserzufuhr möglich ist.

Die geweichten Häute und Felle werden nicht gleich in den Äscher gebracht, man läßt sie vielmehr einige Zeit liegen oder hängt sie über Böcke zum Abtropfen. Nunmehr wird gewogen und das ursprüngliche Gewicht ermittelt. Dieses Verfahren ist für einen geordneten Betrieb unerläßlich, da es als Grundlage zur Kalkulation dient. Kleine Differenzen, sowohl nach oben wie auch nach unten, kommen dabei vor.

2. Das Äschern.

Das Äschern in der Chromgerberei spielt bei der Herstellung aller Ledersorten eine sehr wichtige Rolle. Die beste Gerbmethode ergibt bei ungeeignetem Äschern schlechte Resultate, während ein tadellos geäschertes Hautmaterial bei gewöhnlicher Gerbung ein gutes Leder liefert. Daraus ersieht man, daß der Kern der Sache das Äschern und seine nachfolgenden Arbeiten ist. Bei diesen Arbeiten hat man zwei Merkmale im Auge zu behalten:

a) daß die Haut im Äscher genügend schwellt, wobei aber ein Prallwerden zu vermeiden ist;

b) daß keine übermäßige Äscherschwulst und kein gezogener Narben entsteht.

Es ist durchaus nicht gleichgültig, ob das Äschern im Faß oder in der Grube ausgeführt wird.

Kalbfelle und Zwicker sind nur in der Grube zu äschern, dagegen kann man das Äschern bei Bittlingen und größeren Häuten ohne jede Gefahr im Faß ausführen.

Die schwellende, aber auch sehr prall machende Wirkung hängt einerseits vom Schwefelnatrium ab, wenn es in starker Lösung zur Anwendung kommt. Aber auch das Kalkhydrat im frischen Äscher schwellt die Haut, wobei diese Prallheit jedoch unschädlich ist. Um das Prallwerden im Giftäscher zu verhüten, zum mindesten aber abzuschwächen, setzt man Salz zu.

Dieses ist auch der Grund, warum man das Hautmaterial durch das Weichen nicht salzfrei zu machen braucht. Die gewünschte Schwellung tritt auch bei größeren Salzgaben ein. Das Äschern hat zunächst den Zweck, die Lederhaut frei zu machen, um sie weiter zu verarbeiten. Man bedient sich, um diesen Zweck zu erreichen, verschiedener Methoden. Selbstverständlich müssen dabei die einzelnen Ledersorten berücksichtigt werden.

In der Chromgerberei verwenden wir fünf Äschersysteme.

Das Einäschersystem. Wie schon der Name besagt, soll der Äscherprozeß nur in einem Äscher zur Ausführung gelangen. Bei diesem System sind aber mehrere Anwendungsmöglichkeiten vorhanden:

a) Das Anschwöden, wobei die Haarlockerung außerhalb des Äschers stattfindet, danach das Hautmaterial gewaschen und in eine fertige Äscherbrühe gebracht wird;

b) das Anschwöden, wobei die Haarlockerung außerhalb des Äschers stattfindet, das Hautmaterial aber ungewaschen in die Äschergrube, die nur die nötige Menge Wasser mit Salzzusatz enthält, eingebracht wird, wobei sich die Äscherbrühe erst bilden muß.

Eine weitere Anwendungsmöglichkeit besteht darin, daß man den Gift- und Kalkäscher vereint, wobei die Wassermenge größtenteils durch den gewünschten Baumégrad bestimmt wird. Vorteilhafter ist jedoch immer das Schwöden; denn die Haut wird dabei quellen, ohne daß ein Narbenziehen stattfindet und die Mastschwielen stark hervortreten.

Eine eingetretene Äscherschwulst tritt bei der Gerbung, sobald sie voll ist, wieder in Erscheinung. Bei Farbledern ist diese Schwulst ungünstig, da unter der Glanzstoßmaschine eine Veränderung hervorgerufen wird. Das Einäschersystem bietet bei sachgemäßer Anwendung verschiedene Vorteile.

Das Zweiäschersystem. Diese Methode wird in zwei Gruben ausgeführt. In der ersten Grube stellt man einen Giftäscher an, der das Anschwöden ersetzen soll, wobei eine völlige Zerstörung der Haare eintritt. Danach wird das Hautmaterial gewaschen und in eine zweite Grube, die eine Weißkalklösung enthält, eingebracht. Diese Methode bietet auch Vorteile, besitzt aber die guten Eigenschaften des Einäschersystems nicht. Wenngleich das Schwöden mit Mehrkosten verbunden sein sollte, wiegt die Qualität, die dadurch erzielt wird, dieselben auf. Im übrigen ist es vom gerberischen Standpunkte aus viel richtiger, eine vorteilhafte Arbeit auch dann vorzunehmen, wenn ein Mehraufwand an Zeit und Geld damit verbunden wäre. Durch das Schwöden wird die Haarwurzel von innen heraus gelockert und zerstört; man erhält dadurch eine schöne und reine Blöße.

Das Dreiäschersystem. Dieses System wird in einem Äschergang von drei Gruben ausgeführt, wobei der Giftäscher wegfällt. Die Haare werden hierbei nicht zerstört und können somit verwendet werden. Ein Zusatz von $\frac{1}{2}\%$ Schwefelnatrium in der ersten oder in der letzten Grube hat keine haarzerstörende Wirkung. Dieser Äscher liefert eine recht schöne und zähe Blöße, die zur Herstellung von technischen Ledern sehr vorteilhaft ist. Dabei gestattet dieser Äscher auch eine mehrmalige Benutzung, doch ist von allzu langem Gebrauch abzusehen. Seine Dauer richtet sich im allgemeinen nach der Jahreszeit, und er soll in der wärmeren alle zwei, in der kälteren alle drei Wochen frisch angestellt werden. Im Winter ist es vorteilhafter, die Äscher anzuwärmen, sobald die Wasserwerkstatt der Kälte ausgesetzt ist. Die Temperatur soll jedoch 16° C nicht übersteigen, da ein zu warmer Äscher leicht schwammiges Leder verursacht. Zweckmäßig bei diesem System ist ein Rührwerk, welches das lästige Aufschlagen vermeiden und an Zeit und Arbeitslöhnen sparen läßt.

Der Ara-Äscher. Dieses Verfahren ist eine Erfindung des Dr. Röhm in Darmstadt. Anlaß hierzu dürfte ihm sein Oropon gegeben haben. Die Anwendung des Ara-Äschers ist in der Chromgerberei beschränkt; hingegen liefert er der vegetabilischen Gerberei eine recht gute Blöße, die sehr viele Vorteile bietet. In der Chromgerberei dürfte er mit Vorteil für die Fabrikation von Chevreau Verwendung finden, liefert aber auch gute Resultate für technische Leder.

Der Faßäscher. Diese Methode bietet für den Groß- sowie Kleinbetrieb viele Vorteile. Es können in erstem täglich große Mengen verarbeitet werden, in letztem wird an Raum gespart, an dem es vielfach mangelt. Dieses System ist aber nur für Großviehhäute vorteilhaft anwendbar.

Die Ausführung des Äscherns. Das Äschern, der wichtigste Teil bei der Herstellung aller Ledersorten, erfordert nicht nur eine umfangreiche Kenntnis des zu verarbeitenden Materials, sondern auch eine exakte Ausführung. Der mit der Wasserwerkstatt betraute Meister muß für die jeweiligen Provenienzen die richtige Methode finden. Da sich das Äschern nach der zu erzeugenden Ledersorte richtet, ist es unbedingt notwendig, daß er auch mit dem fertigen Produkt vertraut ist und die Eigenschaften, die verlangt werden, durchaus kennt.

Der Schwödebrei. Für das Anschwöden, hauptsächlich von Kalbfellen und Zwickern, hat sich folgende Zusammensetzung am besten bewährt.

In einem Gefäß, am zweckmäßigsten ist ein emaillierter Kessel, werden 50 kg Schwefelnatrium aufgelöst. Die Lösung wird auf 25—30° Bé gestellt, der man so viel Kalk zusetzt, bis sie dicklich ist. Die aus der Weiche gut abgetropften Felle werden, Fleischseite nach oben, glatt aufgeschichtet. Dann wird mit einem Wedel die Schwöde aufgetragen, wobei man kleine Felle glatt aufeinanderlegt, größere dagegen in der Mitte zusammenschlägt, in Haufen aufschichtet und sie 4—12 Std. liegenläßt. Will man die Felle mit der Schwöde in den Äscher bringen, so braucht die Haarlockerung nicht vollständig eingetreten zu sein; soll aber gewaschen werden, so muß eine totale Haarlockerung eingetreten sein. Zum Anstellen des Äschers rechnet man 2—6% Weißkalk; bei Geschwödeten muß natürlich der den Fellen anhaftende Kalk berücksichtigt werden. Die Dauer richtet sich nach dem Material, dem Gerbverfahren und der Ledersorte. Beim Schwöden wird bis zum Eintreten der Haarlockerung ein Tag der Äscherzeit angerechnet. Die Äscherbrühe soll die Häute oder Felle eben bedecken, man gibt ihr 3—10% Salz zu, um eine übermäßige Schwellung zu verhüten. Das Salz soll vorher in Wasser gelöst werden. Die andere Ausführung des Einäschersystems ist folgende. Man rechnet 6—8% Schwefelnatrium, diese Lösung soll aber 2° Bé nicht übersteigen, wobei der Kalkgehalt zwischen 4 und 6% schwankt. Man kann gegebenenfalls 0,1—0,2% roten Arsenik zusetzen. Die Salzmenge betrage nicht unter 5%.

Soll nach dem Zweiäschersystem geäschert werden, stellt man einen Giftäscher an. Der Schwefelnatriumgehalt soll nicht unter 4% sinken; man stellt auf 3° Bé und gibt 0,2% roten Arsenik, 4% Weißkalk und 5% Salz dazu. Darin verbleiben die Felle 12—24 Std., werden dann gespült und kommen in einen Weißkalkäscher, worin sie 2—4 Tage unter öfterem Aufschlagen bleiben.

Rindhäute werden ganz vorteilhaft im Faß geäschert, man rechnet 3% Schwefelnatrium, 6% Kalk und 4% Salz. Dabei soll das Faß keineswegs einer dauernden Bewegung ausgesetzt sein, es genügt 1 Std. beim Einbringen der Häute, worauf mittags und abends je 30 Min. gewalkt wird. Nach 2 Tagen ist der

Prozeß beendigt, und es wird bei zu- und abfließendem Wasser 1 Std. gespült.

Roßhäute werden vorteilhaft nach vorstehendem Verfahren behandelt. Die Schilder trennt man nach dem Reinemachen ab und äschert sie in einem Weißkalkäscher nach.

Ziegenfelle werden erst im Giftäscher, der aus einer Schwefelnatriumlösung von 2° Bé, 1—2% Weißkalk und 2% Salz besteht, 36 Std. gegiftet, dann gewaschen und mit 10—20% Weißkalk, dem 0,2% roter Arsenik vorteilhaft zugesetzt werden kann, 8—14 Tage nachgeäschert oder man schwödet und äschert sie in Weißkalk.

Schaffelle. Handelt es sich um Wollfelle, muß man schwöden. Der Schwödebrei wird wie folgt hergestellt: In eine 26° Bé starke Schwefelnatriumlösung rührt man so viel Schlemmkreide ein, bis die Lösung dicklich ist und nicht rinnt. Da das Schaffell eine schüttere Struktur besitzt, wird Schlemmkreide statt Kalk verwendet. Nach dem Schwöden legt man sie auf kleine Haufen ca. 12 Std., dann wird entwollt und gespült; größere Haufen sind unbedingt zu vermeiden, da die Felle sich sehr leicht erhitzen, wodurch recht erheblicher Schaden angerichtet werden kann. Nach dem Spülen bringt man die Felle in einen leichten Kalkäscher. Die Zeitdauer richtet sich nach den Provenienzen.

Anstatt des Kalkäschers benutzt man auch eine Schwefelnatriumlösung von ca. 2—4° Bé, worin man die Felle 3—5 Std. im Faß oder in der Haspel bewegt und danach 1 Std. spült.

3. Das Enthaaren, Entfleischen, Spalten.

Die aus dem Äscher kommenden Häute und Felle werden, je nachdem sie geäschert wurden, im Faß durch Spülen, auf der Maschine oder in Ermangelung dieser, mit der Hand enthaart.

Das Enthaaren mit der Hand ist bei den heutigen Arbeitslöhnen nicht mehr rationell, und es soll daher, wenn es sich nur ermöglichen läßt, eine Maschine vorhanden sein. Sind die Häute oder Felle enthaart, werden sie entfleischt (geschoren), dann nochmals gewaschen und gespalten. Bei Kalbfellen wird in der Regel nur der Kopf gespalten, wohingegen man schwere egalisiert. Das Spalten erfolgt auf der Kalbskopfspaltmaschine oder auf der großen Bandmesserspaltmaschine mit abhebbarem Kopf; letztere ist entschieden vorzuziehen.

Bei der Herstellung von Rindbox ist eine Bandmesserspaltmaschine unentbehrlich. Sie ist eine der wichtigsten Errungenschaften unserer Industrie, und man kommt ohne sie heutzutage nicht mehr aus. Nach dem Spalten werden die Blößen geglättet. Vielfach sieht man in Fabriken, daß die ungebeizten Blößen mit dem scharfen Eisen bearbeitet werden, um möglichst den etwaigen Grund schneller zu entfernen und das Streichen nach der Beize zu ersparen.

Diese Arbeitsweise ist für die Chromgerberei verwerflich, da die Ersparung dieser Arbeit immer nur auf Kosten der Qualität geschieht (wunder Narbe). Das Streichen nach der Beize ist wohl nicht immer erforderlich, doch ein nach Prinzipien aufgestellter Arbeitsplan macht dies zur Bedingung, da es zu einer exakten Arbeit gehört. Für Farbleder ist diese Arbeitsweise besonders wichtig, da ein wund gestrichener Narben einer der größten und gröbsten Fehler ist. Nach dem Glätten werden die Blößen in angewärmtem Wasserbade gespült, danach entkälkt und gebeizt. Wird das Spülen im Faß vorgenommen, ist für langsamen Gang und für eine reichliche Wasserzufuhr Sorge zu tragen, damit die Blößen nicht geschlagen werden. Ein Waschen in der Haspel oder Trommel ist einem schnellgehenden Faß entschieden vorzuziehen.

Das Beizen oder Entkälken erfolgt dagegen in der Haspel, selten im Faß.

4. Das Entkälken und Beizen.

Die letzte Operation in der Wasserwerkstatt ist das Entkälken resp. Beizen. Für die Chromgerberei ist dieser Prozeß äußerst wichtig, da man dabei leicht alles verderben kann, was man vorher gutgemacht hat.

Das Entkälken oder Beizen richtet sich ganz nach dem vorausgegangenen Äschern. Die Haut wird im Äscher mit Kalknahrung versehen und diese wird, sobald sie ihren Zweck erreicht hat, ihr wieder entzogen.

Dieses geschieht einerseits durch Säuren, man nennt diesen Prozeß Entkälken, anderseits durch tierische Exkremente oder solche, die auf künstlichem Wege hergestellt werden, und bezeichnet dies als Beizen.

Beide Verfahren zeigen sich in ihrer Wirkung sehr verschiedenartig. Durch Säuren, mit Ausnahme der Schwefelsäure, wird die Kalknahrung sehr schnell aufgezehrt unter Bildung neutraler Salze. Durch das Entkälken tritt kein Verfallen der Blößen ein, sondern eine Schwellung, ein Zustand, der für Oberleder nicht erwünscht ist, da er nachteilig wirkt; für Unter- und einige technische Leder kann sie von Nutzen sein.

Zum Entkälken hat sich wohl die Salzsäure am besten bewährt. Der Kalk wird durch sie in das leicht lösliche Kalziumchlorid überführt, das sehr leicht auswaschbar ist.

Das Beizen geschah früher, auch hier und da heute noch, vorwiegend mit Hundekot, da man glaubte, einen besseren Effekt damit zu erreichen. Diese Meinung ist zum Teil auch heute noch vertreten. Wenn man aber unsere Industrie auf einen derartigen Stand gebracht hat, wie sie heute tatsächlich steht, müssen solche Beizmittel allein schon vom hygienischen Standpunkte aus verschwinden. Wir haben in unseren künstlichen Beizmitteln die besten Ersatzstoffe, die zumeist in ihrer Wirkung viel günstiger sind und die Gewähr einer gleichmäßigen Arbeit bieten.

Als anerkannt gute Beizmittel gelten das Purgatol, Oropon und Esco. Die neuesten Erfahrungen haben gezeigt, daß ein kombiniertes Beizen vorteilhafter ist.

1. Das Beizen der Blößen in einem abnormen Wasser. 100 kg Blößen: Die Temperatur des Wassers betrage $28—30^0$ C. Dann löst man für sich in einem Holzgefäß 0,5% Esco und haspelt ca. 20—30 Min.

Escobeize ist in ihrer Anwendung sehr milde wirkend, und es besteht weniger die Gefahr eines Verbeizens. Dieses Beizmittel eignet sich vorzüglich für abnormes Wasser.

Nach dieser Zeit setzt man 0,1—0,5% Oropon zu und bewegt weitere 15—20 Min. Durch Anschneiden überzeuge man sich, ob die Blöße durchgebeizt ist, wobei die Probe mit Phenolphthalein Kalkspuren zeigen darf.

2. 0,5% Milchsäure. Sie wird stark verdünnt in mehreren Portionen zugesetzt und ca. 30 Min. darin gehaspelt. Es empfiehlt sich auch in besonderen Fällen 1—2% Salz nach ca. 10 Min. zuzusetzen. Die Temperatur des Wasserbades soll nicht unter 30^0 C sinken, und der erste Teil der Säure ist vor Einbringen der Blößen hinzuzugeben. Sobald die Säure keine Wirkung mehr ausübt resp.

verbraucht ist, gibt man 0,2—0,3% Oropon zu und haspelt weitere 15—20 Min.

3. 0,5—1% Salzsäure. In das Wasserbad von ca. 30° C wird die Hälfte der Säure zugesetzt, damit der vorhandene Kalk in Kalziumchlorid umgesetzt wird, worauf man die Blößen einbringt und ca. 10 Min. bewegt, dann den Rest stark verdünnt langsam zugibt und weitere 30 Min. haspelt, jedoch so lange, bis keine Säurewirkung mehr vorhanden ist, worauf 0,2—0,5% Oropon zugegeben und noch ca. 30 Min. bewegt wird.

Das Entkälken resp. Beizen in weichem Wasser. 100 kg Blößen, 1,5% Purgatol.

1. Die Temperatur des Wassers betrage ca. 40° C, die Blößen werden darin kurze Zeit bewegt, damit sie gleichmäßig durchwärmen, worauf man das Purgatol stark verdünnt in mehreren Portionen zusetzt. Die Dauer des Beizens richtet sich stets nach der Provenienz der Blößen. Normal haspelt man ca. 1 Std., worauf man 0,2—0,4% Oropon zusetzt und damit noch ungefähr weitere 15—20 Min. bewegt.

Bei normalen Wasserverhältnissen liefert Purgatol unzweifelhaft ein vorzügliches Blößenmaterial, dessen Vorteile ein geschlossener Narben und keine Abfälligkeit der Weichteile sind.

2. 0,5% Milchsäure, 0,1% Salz werden zusammen in heißem Wasser gelöst und dann 1 Teil der Säure dem Beizwasser zugesetzt, worauf man die Blößen einbringt und 15 Min. haspelt. Nach dieser Zeit wird der Rest in 3 Portionen je 15 zu 15 Min. zugegeben und zusammen ca. 1 Std. gehaspelt, worauf 0,3% Esco oder 0,3% Oropon zugefügt und weitere 20—30 Min. bewegt wird.

Die Enzymbeizen besitzen die Eigenschaft, sehr schnell und intensiv den Kalk und Schmutz zu lösen, sie können bei Außerachtlassung der nötigen Vorsicht leicht gefährlich werden. Man war bisher der Ansicht, daß die Blößen, aus der Beize kommend, stark verfallen sein müßten, um dadurch ein weicheres und geschmeidigeres Leder zu erhalten. Die Folge davon ist übermäßige Lockerung des Gewebes und Verlust an Hautsubstanz, der nur zu leicht losen Narben und ein schwammiges Leder bewirkt. Will man das Leder nun vor diesen Nachteilen bewahren, muß man bestrebt sein, den Beizprozeß möglichst zu kürzen, um dadurch die Fülle der Blöße erhalten zu können. Diese Vorteile erreicht man bei einer sachgemäßen Kombination der einzelnen

Produkte, die den jeweiligen Wasserverhältnissen und Provenienzen angepaßt werden müssen. Eine Hautsubstanz erhaltende Beize ist die mit Purgatol, der man gegen Ende des Prozesses etwas Oropon zur besseren Schmutzlösung vorteilhaft zusetzt. Das Arbeiten mit Purgatol ist absolut gefahrlos.

Vor dem Beizen oder Entkälken werden die Blößen ca. 30—45 Min. gewaschen. Dasselbe geschieht bei normalem Wasser von 18—20° C, hingegen unter abnormalen Wasserverhältnissen kalt. Ein starkes Verfallen der Blößen ist, wie schon erwähnt wurde, nicht erwünscht mit Ausnahme einzelner Ledersorten. Es ist auch nicht ratsam, sie völlig kalkrein aus der Beize zu erhalten, da die Spuren durch das Pickeln beseitigt werden. Bemerken möchte ich noch, daß es Wasserverhältnisse gibt, wo ein Entkälken durch Säuren ausgeschlossen ist. Nach dem Beizen werden die Blößen durch warmes Wasser gezogen und gestrichen, worauf man ca. 10—45 Min. in kaltem Wasser nachspült.

Die reingemachten Blößen sind nun gerbfertig und werden zu diesem Zweck der Gerberei zugeführt.

C. Das Gerben.

1. Die Gerbmittel.

Das Gelingen der Gerbung dürfte in der feinsten Bildung, Verteilung und Ablagerung der Chromsalze in der Haut zu suchen sein. Das am meisten verbreitete Verfahren ist wohl das Einbad, wodurch man ein dem Zweibad gleichwertiges Leder erhält. Das Einbad selbst kann nach zwei Methoden bereitet werden.

Die Herstellung der Brühe oder des Extraktes erfolgt

1. aus Chromalaun und Soda;

2. aus Kaliumbichromat, das zu einem Einbadextrakt oder Brühe reduziert wird. Der zweite Extrakt liefert in der Regel ein besseres Resultat und stellt sich auch billiger als Chromalaun.

Außerdem gibt es auch fertige käufliche Chrompräparate, die im allgemeinen ganz gute Resultate zeitigen. Als gut bekannte Extrakte sind zu erwähnen: Das Gerbesalz von Friedrich Bayer, Chemische Fabriken in Leverkusen a. Rh., Chromalin von Dr. Eberle & Co., Chemische Fabriken in Stuttgart, Koreon von Dr. Röhm & Haas, Darmstadt. Genaue Beschreibungen stellen diese Fabriken gern zur Verfügung, und es dürfte dem Fachmann nicht schwer sein, mit einem dieser Extrakte allein oder in Kombination untereinander oder mit einem üblichen Verfahren das Richtige zu finden.

Daß diese Extrakte heute noch zum Teil auf Mißtrauen stoßen, liegt keineswegs an ihnen selbst, sondern ist in der mangelhaften Ausbildung der Einführer zu suchen.

Es sind dies in der Regel Leute mit wenig Praxis, die sich in den meisten Fällen überhaupt nicht zu helfen wissen und alles schablonenhaft behandeln. Wie aber bereits schon an anderer Stelle hervorgehoben wurde, läßt sich nicht alles über einen Kamm scheren, da man sich den gegebenen Verhältnissen anpassen muß. Selbst der tüchtigste Fachmann kann bei einer Neuanstellung in die Lage kommen, auf große Schwierigkeiten zu stoßen, er braucht mitunter längere Zeit, um sich einzuarbeiten, ehe er das Richtige findet. Der Fabrikant soll daher nicht gleich verdrießlich sein, sondern dem Fachmann Zeit und Gelegenheit geben, sich einzuarbeiten. Die Gründe eines anfänglichen Mißerfolges können verschieden sein, sie können liegen in der Beschaffenheit der Rohware, den Wasserverhältnissen, einer mangelhaften Einrichtung der Fabrik und einem ungeschulten Arbeitspersonal. Diese Übelstände zu beseitigen, erfordert mitunter viel Mühe, Arbeit und Zeit.

2. Das Pickeln.

Die aus der Wasserwerkstatt der Gerberei übergebenen Blößen werden zunächst gepickelt. Das Pickeln selbst ist eine Art Vorgerbung und wird sehr verschieden ausgeführt. Der Zweck des Pickelns ist, die Blöße für den Gerbprozeß vorzubereiten, um das Eindringen der Chromsalze zu erleichtern und zu beschleunigen. Durch diese Vorbehandlung soll auch der Blöße der noch anhaftende Kalk völlig entzogen werden, wodurch eine gleichmäßigere Gerbung erreicht wird.

Der Salzgehalt des Pickels darf jedoch, um wirksam zu sein, nicht unter 10% der Wassermenge sinken. Der Gehalt an Säure richtet sich nach dem vorhergegangenen Beizen resp. Entkälken. Nach Beendigung des Pickelns darf die dickste Stelle beim Anschneiden auf Phenolphthalein nicht mehr reagieren. Die Säuremenge ist im übrigen zu der Salz- und Wassermenge begrenzt. Als Säure verwendet man in der Hauptsache Salzsäure, eine bessere und intensivere Wirkung jedoch hat die Schwefelsäure. Es besteht nun vielfach die Ansicht, daß man mit letzterer pickelt, diese Anschauung ist irrtümlich, da es ein Pickeln mit Schwefelsäure als solche nicht gibt.

Sobald die Schwefelsäure mit der Salzlösung (konzentriert anzuwenden) in Berührung kommt, entsteht Salzsäure im Status nascendi (naszierende Salzsäure), die einen sehr weichen und seidenartigen Narben verursacht. Bei geeigneter Gerbung macht sich das am fertigen Leder recht angenehm bemerkbar. Nachstehend folgen einige praktische und bewährte Pickelrezepte.

1. 100% Wasser
   8% Salz
   2% Salzsäure 20° Bé.

2. 200% Wasser
   8% Salz
   2% Salzsäure 20° Bé.

3. 100 % Wasser
   10 % Salz
   0,5% Schwefelsäure 66° Bé.

4. 200% Wasser
   10% Salz
   1% Schwefelsäure 66° Bé.

5. Eine Salzlösung von 6° Bé.
   3% Salzsäure 20° Bé.

Die Zeitdauer des Pickelns richtet sich im allgemeinen nach dem noch vorhandenen Kalk und der Stärke der Blößen. Durch Anschneiden und Betupfen mit Phenolphthalein darf absolut keine rosa Färbung eintreten. Die Zusammensetzung soll möglichst so erfolgen, daß man Salz und Säure zusammenmischt, 10 Min. bewegt und dann die Blößen dazu gibt. Die Säure nachträglich zuzusetzen, ist nicht immer zu empfehlen, da bei nicht günstigen Wasserverhältnissen leicht ein gezogener Narben entsteht. Bei hartem Wasser setzt man die Säure zuerst zu. Schwefelsäure gießt man vorsichtig in eine konzentrierte Salzlösung und gibt dann das Ganze zu der übrigen Wassermenge.

3. Die Einbadgerbung.

Man führt diese Gerbung in zwei Teilen aus, und zwar in einer Vorgerbung und Nachgerbung.

Auf 100 kg Blößen rechnet man durchschnittlich 15% Chromalaun, das ist: 2,25% Chromoxyd (Cr_2O_3), der Chromalaun wird
bei 50° C gelöst. Die Wassermenge betrage 200%. Man rechnet
5—10% kalzinierte Soda vom Chromalaungewicht, die man
in 10% Wasser löst. Die Lösung rührt man langsam ein und
setzt dann 6—11% Salz hinzu; in derselben Menge Wasser wird
die Soda gelöst.

Die Gerbung. In das Gerbfaß gibt man 50% Wasser, 2%
Alaun oder 1% Tonerdesulfat und $^1/_5$ der Stammbrühe; hiermit
walkt man die Blößen 1 Std. Den Rest der Lösung bessert man in
4—5 Teilen stündlich zu. Nach 6 Std. macht man die Kochprobe.
Ergibt sich Kochgare, läßt man die Leder eine Nacht in der Brühe
liegen und bewegt am Morgen weitere 1—2 Std., schlägt sie dann
zur Fixierung des Gerbstoffes über Böcke und läßt sie 12—15 Std.
hängen. Dann gibt man sie ins Faß mit 200% Wasser und 1,5%
Sodabikarbonat, walkt 1½—2 Std., spült 30 Min. nach, reckt sie
auf der Maschine aus und bringt sie zum Falzen.

Sind die Leder nicht ganz kochgar, ist noch mehr Sodalösung langsam durch die hohle Achse zuzusetzen; von Zeit zu
Zeit macht man Proben, um sich von der Kochgare des Leders
zu überzeugen.

Einbadextrakt. 100 kg Kaliumbichromat werden in genügender Wassermenge aufgelöst; dazu setzt man 36 kg Glukose
und läßt dann sehr langsam unter Rühren 92 kg Schwefelsäure
von 66° Bé zulaufen. Es empfiehlt sich auch, erst die Schwefelsäure zuzusetzen, um die Chromsäure frei zu machen, und dann
die Reduktion mit Glukose durchzuführen.

Man stellt den Extrakt durch Zusatz von kalz. Soda $^4/_{12}$
basisch und gibt beim Ausgerben auf 100% Brühe 0,5% kalz.
Soda zu, die man langsam (Gummistopfen) durch die hohle
Achse zulaufen läßt. Man berechnet 20% Extrakt auf 100 kg
Blößen. Die Angerbung ist sauer, wird aber dann durch Alkali-
zusatz sukzessive bis auf $^4/_{12}$ oder $^6/_{12}$ Basizität gebracht.

Diesen Extrakt kann man auch mit Chromalaun kombinieren oder eine Vorgerbung damit vorangehen lassen.

Einen guten Extrakt stellt man auch her, indem man die
Chromsäure mit Salz- oder Schwefelsäure frei macht und die Reduktion mit Natriumbisulfit durchführt. Dieser Extrakt läßt sich
mit Chromalaun oder mit Glukoseextrakt in jeder Verbindung

mischen, wodurch gute Resultate erzielt werden können. Die Extraktbereitung ist so verschiedenartig, daß schon eine gute Praxis dazu gehört, um ihn brauchbar herzustellen und richtig anzuwenden.

Chromchloridextrakt. 100 kg Chromalaun werden in 250 l heißem Wasser gelöst und langsam unter Rühren 100 kg krist. Soda, ebenfalls in 250 l Wasser gelöst, hinzugesetzt. Die Lösung läßt man dann 24 Std. zum Absetzen stehen. Hierauf zieht man die klare Flüssigkeit bis zum Satz ab, füllt dann unter Aufrühren des Satzes nochmals 250 l Wasser nach, läßt sie wieder 24 Std. stehen und zieht nochmals bis zum Satz ab. Nunmehr werden 40—50 kg Salzsäure sehr langsam unter ständigem Rühren ca. ½ Std. dem Satze zugesetzt. Die Lösung muß klar sein, worauf noch 4 kg Glyzerin beigemischt werden.

4. Das Zweibadverfahren.

Diesem Verfahren schreibt man gerne Kompliziertheit zu, doch ist die Sache heute gar nicht mehr so gefährlich. Auch das so gefürchtete Ausbluten hat man überwunden. Das Zweibad liefert ein schönes, volles Leder und, wenn exakt gearbeitet wird, auch einen festsitzenden Narben. Die Anwendungsweise ist folgende:

Erstes Bad.

100	kg	Blöße
3	kg	Kaliumbichromat
5	kg	Salz
1,5	kg	Schwefelsäure 66° Bé.

Die Lösung wird auf 10° Bé gestellt bei 20° R. Damit werden die gepickelten Blößen 1½—2 Std. gewalkt. Die Chromlösung kann in mehreren Portionen zugesetzt werden.

Nach dieser Zeit werden sie über den Bock gehängt, und man bereitet das

zweite Bad.

200% Wasser
10% Antichlor.

Die Lösung soll 3° Bé spindeln. In diese gibt man die chromierten Blößen hinein, worauf man durch die hohle Achse 4—5% Salzsäure mit 5% Wasser verdünnt langsam zulaufen läßt und walkt $2^1/_2$—3 Std. Darauf wird $^1/_2$ Std. gespült, dann ausgereckt und gefalzt.

Will man das Leder etwas mehr füllen, gerbt man mit 5% Glukoseextrakt $^4/_{12}$ basisch nach.

Es besteht nun vielfach die Meinung, daß die nach dem Zweibadverfahren hergestellten Leder beim Glanzstoßen blinde Flecken aufweisen, die von einer Schwefelablagerung herrühren. Bei einer übermäßigen Schwefelablagerung treten derartige Fehler auf, dies ist ein Zeichen von unsachgemäß durchgeführter Reduktion, wodurch eine übermäßige Abscheidung und Lagerung von Schwefel stattfand. Kleinere Mengen Schwefel schaden durchaus nicht, im Gegenteil wirken sie günstig auf die Qualität ein.

Das Zweibadverfahren kann auch noch in folgender Weise ausgeführt werden. Nach dem Pickeln wird alles zusammen in einem Bade ausgeführt, wobei sich natürlich die Antichlor- und Säuremenge bedeutend erhöht. Dadurch erspart man viel Zeit, ob aber diese Methode mit dem Mehrverbrauch an Ingredienzien der anderen vorzuziehen ist, bleibt eine Kalkulationsfrage.

5. Die Kombinationsgerbung.

Neben dem Einbad- und Zweibadverfahren nimmt die Kombinationsgerbmethode einen wichtigen Platz ein. Dieses Verfahren, irrtümlich als Zweibadverfahren bezeichnet, bietet große Vorteile gegenüber den erstgenannten. Das damit hergestellte Leder vereinigt die guten Eigenschaften des Ein- und Zweibades.

Das Verfahren führt man in der Regel so aus, daß man die Blößen zuerst mit einer Kaliumbichromatlösung behandelt (Zweibad) und dann eine Chromalaunlösung, die bis $^4/_{12}$ basisch sein kann, in mehreren Teilen zusetzt (Einbad), oder entgegengesetzt, erst Chromalaun und dann Kaliumbichromat anwendet. Das dritte Bad ist das Reduktionsbad. Dieses Verfahren ist das eigentliche Dreibad, das fast unter allen Verhältnissen ausgeführt werden kann.

Alle aus den verschiedenen Gerbungen kommenden Leder werden in der Regel 12—24 Std. glatt über den Bock gehängt, damit eine bessere Fixierung eintreten kann. Es ist dies bei Ledern, die mit $^4/_{12}$ Basizität ausgegerbt wurden, unerläßlich. Erfolgte die Ausgerbung mit $^6/_{12}$, kann sofort gespült und entsäuert werden;

dabei wird das Entsäuerungsmaterial nach dem Blößengewicht berechnet. Vor dem Färben müssen dann die Leder nochmals leicht entsäuert werden, da sie durch das Liegen wieder ansäuern. Bei einer Entsäuerung vor dem Falzen verhütet man das Narbenspringen, das bei Ledern, die stark sauer reagieren, leicht vorkommt.

D. Das Zurichten und Färben des Leders.

1. Das Falzen.

Ein sehr wichtiger Teil der Chromoberlederbearbeitung ist das Falzen. Die Qualität wird ganz erheblich beeinflußt, sobald die Leder in ihrer Stärke ungleichmäßig gefalzt sind; aber auch für die weitere Bearbeitung ist eine Gleichmäßigkeit des Leders unbedingt erforderlich, um durch das Glanzstoßen einen egalen und reinen Ton zu erzielen. Bei der Herstellung von farbigen Ledern ist dies besonders wichtig, da alle Unebenheiten der Fleischseite sehr unangenehm in Erscheinung treten und das Ansehen des farbigen Leders herabmindern.

Der Falzer hat für die genügende Tourenzahl der Maschine zu sorgen, da bei zu langsamem Gang leicht Treppen entstehen können. Unterstützt wird dieser Fehler durch eine mangelhafte Schneide des Messers.

2. Das Entsäuern.

Chromleder erhalten neben ungebundenem Gerbstoff auch größere Mengen an freier Säure, die, wenn sie nur ungenügend entfernt wird, viele Fehler nach sich zieht. Beim Fetten dieser Leder stößt man auf Schwierigkeiten, da das Fett nur unvollständig aufgenommen wird. Daher muß man reichlich Alkali zusetzen, um diesem Übel abzuhelfen. Ein zu reichlicher Alkalizusatz wirkt aber ungünstig auf den Narben ein. Je vollkommener nun die Entsäuerung durchgeführt wurde, um so leichter wird das Fett aufgenommen, wodurch lästige Ausschläge vermieden werden. Man halte sich nicht an die vorgeschriebene Zeit, sondern prüfe stets mit Lackmuspapier nach, da man nur so eine richtige Kontrolle hat. Die Leder werden, wenn sie vor dem Falzen nicht ausgewaschen waren, vor dem Entsäuern ca. 20—30 Min. gespült. Auf 100 kg Falzgewicht rechnet man in der Regel:

$$1\%\ \text{Sodabikarbonat}$$
$$200\%\ \text{Wasser.}$$

Bei einem größeren Posten Leder wird man sich nicht an die Gewichtsmenge des Wassers binden, sondern so viel davon zusetzen, bis das Leder davon reichlich bedeckt ist.

Das Sodabikarbonat soll nicht auf die Leder geschüttet werden, sondern wird vorher in hinreichender Wassermenge gelöst und in 3—4 Portionen langsam durch die hohle Achse zugesetzt.

Während dieser Zeit löst man in 10% Wasser 1% Borax auf und gibt diese Lösung nach ca. 30 Min. durch die hohle Achse, worauf man weitere 30 Min. walkt. Nach dieser Zeit prüfe man, ob die Neutralisation genügend durchgeführt ist und spült bei zu- und abfließendem Wasser ca. 30 Min. Gegen Ende des Spülens wird die Temperatur des Wassers auf 50—60° C erhöht, damit die Leder für das nachfolgende Färben gut vorgewärmt sind.

Die Neutralisationsbrühe kann dann nicht wirken, wenn zu wenig Borax zugesetzt wurde.

Das Leder muß, bevor es mit heißem Wasser in Berührung kommt, alkalifrei sein, da sonst leicht ein rauher und gezogener Narben entstehen kann.

Mit welcher Temperatur die Entsäuerung aber durchgeführt werden soll, unterliegt den jeweiligen Verhältnissen.

3. Das Schwarzfärben.

Das Schwärzen der Chromleder dürfte heute wohl nur mit Anilinfarben ausgeführt werden, da man durch sie die besten Resultate erzielt. Die Ausführung des Färbens geschieht im Faß.

Vor dem Färben des Leders ist es nicht notwendig, mit einer Gambier- oder Sumachlösung vorzubehandeln, um dadurch einen festsitzenden und besser stehenden Narben zu erhalten, da bei einem sachgemäß hergestellten Chromleder beides Voraussetzung ist.

Zu erwägen wäre nun noch, welche Chromschwarzfarben die besten Resultate liefern; da aber heute fast alle Anilinfabriken gleich gute Produkte herstellen, ist es sehr schwer, diese oder jene Farbe zu empfehlen.

Die feinen Chromoberleder sollen neben tiefschwarzer Narbenseite eine mehr oder weniger ins Blaue gehende Fleischseite haben, und man wähle daher Farben, die diesen Anforderungen entsprechen.

Das Ausfärben der schwarzen Chromoberleder erfolgt mit direkt ziehenden (substantiv) oder basischen Farben. Bei ersteren färbt man sofort nach dem Entsäuern, wohingegen bei letzteren eine Vorbehandlung am zweckmäßigsten mit Blauholzextrakt, dessen Lösung mit Ammoniak versetzt wird, bis eine violette Färbung eintritt, erforderlich ist. Bei den heutigen hochwertigen Anilinprodukten ist eine Mitverwendung von Eisensalzen nicht vorteilhaft, da erstere ohnebin den erwünschten Zweck erfüllen.

Die Ausführung des Färbens. Auf 100 kg Falzgewicht rechnet man ca. 0,75—1% eines direkt ziehenden Farbstoffes, der in 10% 70° C heißem Wasser gelöst und durch die hohle Achse den Ledern zugesetzt wird, worin sie ca. 30 Min. laufen. Nach dieser Zeit setzt man 0,15% Hämatine, in 10% kochendem Wasser gelöst, zu und bewegt weitere 15 Min., worauf dann die Fettung erfolgt.

Die Temperatur der Flotte betrage 50—60° C, die Menge derselben 100—150%.

Bei der Anwendung von basischen Farben wird vorher mit einer $1/_2$—1%igen Blauholzextraktlösung, der so viel Ammoniak zugesetzt wird, bis eine violette Färbung eintritt, grundiert. An Stelle von Blauholz oder Extrakt kann man auch Hämatine anwenden. In diesem Bade bewegt man die Leder ca. 30 Min. und löst dann 0,8—1% einer basischen Chromfarbe in 10% 70° C heißem Wasser auf und walkt weitere 30 Min., worauf die Fettemulsion zugesetzt wird.

Das Fetten. Das Fetten der Chromleder wird sehr verschiedenartig durchgeführt und richtet sich nach der Gerbmethode der herzustellenden Ledersorte, sowie den zur Verwendung kommenden verschiedenartigen Fetterzeugnissen.

Die Fettemulsion kann dann nicht gut wirken, wenn das zu fettende Leder unvollständig oder unsachgemäß gegerbt und nicht genügend entsäuert wurde. Die Temperatur richtet sich nach den jeweiligen Verhältnissen und soll womöglich 60° C nicht übersteigen.

Den Charakter einer Nachgerbung durch das Fetten erhält das Leder nur dann, wenn es mit aufpolsternden Fettstoffen, z. B. Degras oder Eigelb, behandelt wurde. Voraussetzung hierfür ist ein entsprechend vorbereitetes Leder.

Werden diese Voraussetzungen nicht eingehalten, und glaubt man durch nachträgliches Fetten ein weiches und geschmeidiges Leder zu erhalten, befindet man sich im Irrtum. Wird mit abnorm hartem Wasser gearbeitet, ohne daß man dieses vorher korrigiert hat, treten alle vorher erwähnten Nachteile in Erscheinung. Der Kalkgehalt dieses Wassers bildet eine unlösliche Kalkseife, die den Narben und die Aasseite derartig verschmiert, daß hierdurch ein klappriges Leder resultiert. Wenngleich man durch eine weichmachende Gerbung ein geschmeidiges Leder erhält, muß trotzdem eine genügende Fettung erfolgen, da sonst die Reißfestigkeit darunter leiden würde. Gute Fettemulsionen sind folgende:

1. 1 %   Seife (Marseiller oder Hessna)
   2 %   Karbidöl
   0,1% Ammoniak.

2. 1 %   Seife (Marseiller oder Hessna)
   2 %   Licrol
   0,1% Ammoniak.

3. 1 %   Hessna-Seife
   2 %   Hessna-Boselicker
   0,2% Borax.

4. 1 %   Marseiller-Seife
   0,5% Moällon-Degras
   1 %   Hessna-Boselicker
   0,2% Ammoniak.

5. 1 %   Hessna-Seife
   1 %   Degras-Moällon
   1 %   Hessna oder Licrol-Öl
   0,2% Ammoniak.

6. 1 %   Seife (Marseiller)
   0,5% Degras
   2,5% Hessna-Boselicker
   0,1% Ammoniak.

7. 1 %   Marseiller-Seife
   0,5% Degras-Moällon
   2 %   Licrol
   0,1% Ammoniak.

8. 1   %   Hessna-Seife
   1,5 %   Hessna-Boselicker
   0,25% Moällon-Degras
   0,2 %   Ammoniak.

Die Seife wird zuerst fein geschnitten und in 20% Wasser gekocht, bis sie vollkommen gelöst ist. Darauf rührt man die Öle ein. Enthält die Fettbrühe Degras, so kocht man sie gut auf und rührt dann die Öle ein.

Eine gute Seife soll neutral sein, damit man die Alkalität der Fettlösung jeweils selbst nach besonderen Erfahrungen bestimmen kann.

Der Fettgehalt der Seife soll nicht unter 70% sinken und soll stets gleichbleibend sein. Man lasse sich daher den Fettgehalt der Seife und der zur Verwendung kommenden Öle garantieren.

Ist die Zusammensetzung der Fettbrühe richtig und hat eine gute Emulsion stattgefunden, so muß nach 30—60 Min. je nach der Stärke und der Ledersorte das Fett vollkommen aufgenommen sein. Die Leder müssen in ihrem Griff voll sein und sich trocken anfühlen. Die Probe, um sich davon zu überzeugen, nimmt man wie folgt vor: Man legt den Mittel- oder Zeigefinger an die Fleischseite und drückt kräftig gegen den Narben; sobald das Wasser aus den Poren fließt, ist das Fett gut aufgenommen; greift sich aber der Narben fettig an und perlt das Wasser, so ist das ein Zeichen von unvollkommener Eindringung des Fettlickers. Ist das Wasser weich und ist nur eine mangelhafte Entsäuerung die Ursache, wird man durch Zusatz eines Alkalis, z. B. Sodabikarbonat, oder durch Ammoniak den Fehler beheben können.

Die Fettbrühe kann dann neutral sein, wenn das Leder vollständig entsäuert wurde.

Die Alkalität ist im übrigen sowohl nach unten, als auch nach oben begrenzt. Wird nun aus bestimmten Gründen nicht ganz entsäuert, ist die Fettbrühe in dem Grade der noch vorhandenen Säure alkalisch zu machen. Da das Leder im Griff keine Brüche und Falten zurücklassen darf, sondern wie Gummi seine ursprüngliche Lage wieder einnehmen soll, muß die Fettung so gehalten sein, daß diese Eigenschaften, die durch das Äschern und Gerben erzielt werden, diese unterstützt und fördert.

Das Trocknen. Im Gegensatz zu andersartig gegerbten Ledern, deren Trocknung auch unter primitiveren Einrichtungen durchgeführt werden kann, erfordert die Trocknung des Chromleders eine dafür besonders geeignete Anlage, weil auch hierin eine Ursache der Erzeugung eines guten Produktes zu finden ist.

Die Anlage zur Trocknung des chromgegerbten Leders soll derartig ausgeführt sein, daß sowohl genügend kühle, als auch beliebig warme Luft nach Bedarf zugeführt werden kann. Für das Absaugen der feuchten Luft ist eine geeignete Ventilation äußerst wichtig, da nur so eine sachgemäße Trocknung des Leders möglich ist.

Die auf der Maschine ausgereckten und nachgestoßenen Leder werden an den Hinterklauen hängend in einen sehr mäßig temperierten Raum eingebracht.

Nach ungefähr 4 Std. wird die Temperatur allmählich bis auf 45° C erhöht. Boxkalf, Chevreau und Chevrettes sollen nach ca. 12 Std. zum Abnehmen fertig getrocknet sein, worauf man sie zum Ablagern in kühle Räume auf Haufen schichtet, wo sie genügend Feuchtigkeit anziehen. Sobald sich die Leder genügend erholt haben, werden sie in feuchte Sägespäne eingelegt, um sie für das Stollen geeignet zu machen.

Die Feuchtigkeit der Späne richtet sich nach der Gerbung und Fettung des Leders.

Durch zu trocknes Stollen wird der Narben zu stark beansprucht, worunter er leidet. Haben die Leder zu viel Feuchtigkeit aufgenommen, resultiert ein wasserhartes Leder.

Das Vorbereiten der Sägespäne und das Einlegen der Leder in diese soll, um Fehler zu vermeiden, sorgfältig ausgeführt werden.

Leder, das durch die Gerbung sehr hart auftrocknet, muß in feuchtere Sägespäne gelegt werden, da es die Feuchtigkeit schwerer aufnimmt. Dadurch wird ein Vor- und Nachstollen notwendig. Nach dem Stollen werden die Leder auf Rahmen aufgespannt und bei mäßiger Temperatur getrocknet.

Das Zurichten. Der Zurichtung soll die gleiche Sorgfalt wie den bis dahin durchgeführten Arbeiten zugewendet werden.

Alles was bisher durch Sorgfalt und Umsicht zum guten Gelingen beigetragen hat, kann durch eine mangelhafte und unsachgemäße Zurichtung illusorisch gemacht werden.

Sobald die Leder genügend getrocknet sind, werden sie von den Rahmen abgenommen, beschnitten, gebügelt, vom Narben mit verdünnter Milchsäure, mit einer Bürste gewaschen, dann bei mäßiger Temperatur getrocknet und mit einer Appretur versehen. Das appretierte vollkommen getrocknete Leder wird nunmehr glanzgestoßen, gekrispelt, zum Schluß gebügelt und ist dann fertiggestellt.

4. Die Buntfärberei.

Die Herstellung des farbigen Chromleders bildet zum Teil auch heute noch den schwierigsten und wichtigsten Fabrikationszweig.

Die mannigfachen Fehler, die bei farbigen Ledern oft in Erscheinung treten, werden nur zu gern den Farbstoffen oder dem Färber zur Last gelegt. Wenn bei einer sachgemäßen Zusammensetzung der Farben der Farbprozeß richtig durchgeführt wurde und dennoch mangelhafte Resultate erzielt werden, sind diese Fehler, vorausgesetzt, daß die Zurichtung sachgemäß gehandhabt wurde, in der Wasserwerkstatt oder Gerberei zu suchen. Man muß daher ganz besonders auf diesen Teil der Fabrikation bedacht sein.

Die für Farbleder bestimmten Häute oder Felle sollen möglichst schon als Blößen in der Wasserwerkstatt ausgesucht und bei ihrer Weiterverarbeitung schonend behandelt werden.

Den Narben vor dem Beizen mit einem scharfen Werkzeug zu bearbeiten, ist nicht nur sehr gefährlich, sondern auch grundfalsch, man kann in diesem Äscherzustand, der eine krankhafte Erscheinung der Haut darstellt, auch bei der größten Vorsicht ein Wundwerden des Narbens nicht immer verhindern.

Bei einem veränderten Narben fällt der Farbstoff je nach der Nuance heller oder dunkler an und werden die Leder unter der Glanzrolle fleckig. Blößen, die längere Zeit der Luft ausgesetzt waren, sind ebenso ungeeignet, da sie mehr oder weniger mit Kalkschatten behaftet sind (Kalkschatten verursacht auch Chromnester).

Manche Färber wundern sich, daß bei Vermeidung dieser Fehler und bei einer augenscheinlich gleichmäßigen Färbung nach dem Trocknen unter der Glanzrolle fleckige Leder resultieren.

Die Meinungen über diese Fehler sind sehr auseinandergehend; doch ist anzunehmen, daß ungleichmäßige Ablagerungen der Chromsalze, mangelhafte Verteilung der Fettstoffe, Gipsbildungen unter der Narbenschicht, sowie zu reichliche Schwefeleinlagerungen die Ursache sind.

Das Aussuchen der zu färbenden Leder kann nach dem Falzen erfolgen; zweckmäßig ist es jedoch, dasselbe nach dem Entsäuern vorzunehmen.

Werden beim Zurichten Deckfarben verwendet, beschränkt sich das Sortieren auf die gröberen Narbenfehler.

Farbleder soll neben ziemlich egaler Farbe auch licht- und zwickecht sein. Beim Greifen darf sich an der Bruchstelle keine Veränderung der Farbe zeigen, tritt dieses jedoch ein, ist der Fehler durch eine falsche Zurichtung oder in der Grundfarbe, sobald diese heller als die Übersetzungsfarbe gehalten ist, zu suchen.

Die Ausführung des Färbens geschieht nach zwei Methoden:

1. Die Einbadfärbmethode, die in einem Bad oder Flotte zur Ausführung gelangt, und

2. die Zweibadfärbmethode, die in zwei getrennten Bädern ausgeführt wird.

Eine gute und praktische Arbeitsweise ist folgende: Die entsäuerten Leder werden ca. 20—30 Min. gespült. Am Ende erwärmt man das Wasser bis auf 60° C, damit die Leder gut vorgewärmt sind. Man gibt dann 100% 60° C heißes Wasser ins Faß, schließt und setzt es in Bewegung, worauf durch die hohle Achse die Farblösung (1—1,5% Farbstoff in 10% Wasser gelöst) zugegeben wird. Nach ca. 30 Min. setzt man die in 20% Wasser zubereitete Fettlösung zu und walkt weitere 45—60 Min., worauf man den Gambier oder Sumach in 10% Wasser gelöst zusetzt. Nach 30 Min. wird die Übersetzungsfarbe (0,5—1% in 10% Wasser gelöst) zugegeben und ca. 30 Min. gewalkt. Die Leder werden dann in heißem Wasser abgespült und sofort ausgereckt.

Die Arbeitsweise nach dem Zweibadfarbverfahren wird wie folgt ausgeführt:

Man gibt die entsäuerten Leder in das Faß, das für 100 kg Falzgewicht 100% 60° C heißes Wasser enthält, schließt und setzt es in Bewegung, worauf man durch die hohle Achse die Farbstofflösung (Farbstoff in 50 l Wasser gelöst) zusetzt. Nach ca. 30 Min. wird ein Zusatz von 0,5—2% Gambier in 20% Wasser gelöst zugegeben und damit ca. 30 Min. bewegt. Nunmehr wird gespült und 200% Wasser 60° C den Ledern zugesetzt, worauf die Farbstofflösung (Farbstoff wurde in 50% Wasser gelöst) durch die hohle Achse langsam zugegeben wird. Man walkt 30 Min. und fettet alsdann. Nach ca. 45—60 Min. werden die Leder herausgenommen, gespült und dann 12 Std. über den Bock geschlagen. Sodann wird von Hand oder mit der Maschine ausgereckt, getrocknet und zugerichtet.

Das Färben kann sich auf die Grundfarbe beschränken, doch werden durch das Übersetzen sattere Töne erzielt.

Das Trocknen wird bei einer Temperatur von 20° C langsam aufsteigend bis 40° C ausgeführt. Die Leder werden nach dem Trocknen, damit sie sich erholen und Feuchtigkeit anziehen können, in kühle Räume eingelagert.

5. Hilfsmittel der Färberei.

Da die Vollkommenheit des Fabrikats mehr oder weniger von Hilfsmitteln abhängig ist, so ist diesen ganz besondere Aufmerksamkeit zu schenken. Je besserer Qualität dieselben sind, um so mehr macht sich das am fertigen Leder bemerkbar, dabei sind die besten Hilfsmittel immer die billigsten. Der Färber hat sich vor allen Dingen mit der Gerbungsart vertraut zu machen, da es nicht einerlei ist, ob das zu färbende Leder nach dem Ein-, Zweibad oder einer Kombinationsgerbung hergestellt wurde.

Das nach dem Einbad gegerbte Leder läßt sich am vorteilhaftesten färben, und man verwendet, um eine schöne und egale Nuance zu erreichen, das Titankaliumoxalat. Auch das Ätznatron dürfte seinen Zweck erreichen, da es das im Narben befindliche Naturfett (Narbenfett) verseift, wodurch ein gleichmäßigeres Aufziehen des Farbstoffes erreicht wird. Das Titankaliumoxalat wird dem Gambier oder Sumach zugesetzt, worauf noch mit basischen Farbstoffen übersetzt werden kann.

Man verwendet 0,25—1,5% Titankaliumoxalat, welches vorher in genügender Menge Wasser gelöst und dann dem Gambier oder Sumach zugesetzt wird.

Die nach dem Zweibadverfahren gegerbten Leder lassen sich, wenn größere Schwefelablagerungen stattfanden, sehr schwer färben. Wenn auch augenscheinlich eine egale Narbenfläche vorhanden ist, erhält man trotzdem beim Glanzstoßen ein mehr oder weniger fleckiges Leder. Dieser Fehler tritt auch bei ungenügender Reduktion ein. Für eine sachgemäße Reduktion ist daher Sorge zu tragen, damit diese Fehler behoben werden.

Zweibadgegerbte Leder lassen sich durch eine Nachgerbung mit Chromalaun, der auf $^4/_{12}$—$^5/_{12}$ basisch gestellt wurde, für das Färben ganz gut geeignet machen.

Ein tadellos gegerbtes Zweibadleder egalisiert sich sehr vorteilhaft bei Anwendung von Natriumbisulfit. Reduktionsfehler

werden in den meisten Fällen beseitigt, wodurch ein gleichmäßiges
Aufziehen des Farbstoffes ermöglicht wird.

Die verschiedenen Kombinationsgerbungen, deren Eigenschaften durch die Art der Kombination entweder dem im Einbad
oder Zweibad gegerbten Ledern gleichkommen, liefern durch eine
Nachbehandlung mit Natriumbisulfit sehr gute Ausfärbungen.
Besondere Nuancen erhalten zu einer besseren Egalisierung derselben eine Vorbehandlung (Beize) mit Kaliumbichromat. Säure-
zusätze müssen hier unterbleiben, da sonst die Chromsäure frei-
gemacht und eine gegenteilige Wirkung erzielt würde. Wie schon
gesagt, ist der Gerbungsart wie auch der Bestimmung des Leders
ganz besondere Aufmerksamkeit zu schenken und die Färbung
mit dazu eigens bestimmten Farbstoffen und Arbeitsmethoden
auszuführen, wobei die Einrichtung der Färberei von gleicher
Wichtigkeit ist.

Farbleder sollen in nicht zu großer Hitze getrocknet werden,
um sie vor übermäßiger Härte zu bewahren, damit sie durch das
Ablagern derartig weich werden, daß ein Einlegen in nur mäßig
feuchte Sägespäne ermöglicht wird, wodurch Wasserflecken vermieden werden. Hartes Wasser ist in der Färberei unbrauchbar,
es kann nur dann benutzt werden, wenn es korrigiert wurde. Es
ist daher immer von Vorteil, Kondenswasser zu verwenden, um
sich vor etwaigen Fehlern zu schützen.

In neuerer Zeit werden, um bei farbigen Ledern gleichmäßige
Nuancen zu erzielen, eigens dazu hergestellte Deckfarben benutzt.
Diese Farben werden unter verschiedenen Nuancen auf den Markt
gebracht und von den Firmen: Chemische Fabrik, Weiler ter Meer,
Badische Anilin- und Sodafabrik und der Chemischen Fabrik für
Kepeco-Erzeugnisse hergestellt. Aber auch andere größere Che-
mische Fabriken arbeiten daran, um gute und brauchbare Deck-
farben auf den Markt zu bringen.

Die bis jetzt zur Verwendung kommenden Deckfarben entsprechen den Wünschen der Zurichter noch nicht ganz und
müssen, damit sie den heutigen Ansprüchen genügen sollen, in so
mancher Hinsicht noch verbessert werden.

Verfasser ist der festen Überzeugung, daß die Deckfarben in
Zukunft bei der Herstellung von farbigen Ledern eine wichtige
Rolle spielen, und daß man durch unermüdliche Versuche eine
Vervollkommnung dieser Farben erreichen wird.

II. Die Chromgerbung bestimmter Ledersorten.

A. Boxkalf.

Die Herstellung dieses Feinleders ist heute fast zur Massenfabrikation geworden, und es wird von vielen Fabriken in schöner Ausführung hergestellt.

Die Erzeugung von Boxkalf ist eine Spezialität für sich und es gehören heute große Erfahrungen und umfangreiche Kenntnisse dazu, den gestellten Ansprüchen gerecht zu werden. Die Behandlung der Rohware und die der Blößen ist die bereits angeführte, wobei in der Partie möglichst gleichartige Felle verarbeitet werden sollen. Das Äschern erfolgt sowohl nach dem Ein- und Zweiäschersystem. Die rationellste Äschermethode dürfte zur Zeit wohl die mit reinem Weißkalk sein, da die bekannten Anschärfungsmittel, wie Schwefelnatrium und Arsenik, das Leimleder und die Haare mehr oder weniger minderwertig machen, was bei einer größeren Produktion nicht mehr unterschätzt werden darf. Gestatten es die Verhältnisse, muß das aus wirtschaftlichen Gründen berücksichtigt werden. Im übrigen darf die Qualität des Leders nicht darunter leiden, und die Gewinnung der Nebenprodukte Leim und Haare verliert in dem Moment jedes Interesse, sobald die Rentabilität der Ledererzeugung dadurch in Frage gestellt wird.

Eine sehr wichtige Rolle bei der Herstellung des Boxkalf-Leders bildet das Rohmaterial, denn nach diesem fällt die Qualität des fertigen Produktes aus. Milchkalbfelle sind besonders gut geeignet, wohingegen hungriges und zu flaches Material minderwertiges Leder ergibt.

Die Salzfelle sollen möglichst kurz geweicht werden, dabei erhalten die leichten keinen Wasserwechsel und werden nach 24 Std. bereits geschwödet. Mittelschwere erhalten nach 12 Std. frisches Wasser und können nach 24—30 Std. geschwödet werden. Schwere Kalbsfelle werden bei einem einmaligen Wasserwechsel 2 Tage geweicht. Zu beachten ist, daß das Weichwasser stets kalt, keineswegs angewärmt sein darf. In den wärmeren Jahreszeiten setzt man dem Weichwasser vorteilhaft Zinnchlorid zu, da es die Felle frisch erhält (es wirkt antiseptisch). Die Felle im Faß oder in der Trommel vor- oder nachzuweichen, und sei es nur auf einige Stunden, soll unterlassen werden, damit die Felle an ihrer Fülle nicht verlieren. Nach beendigtem Weichen werden die Felle geschwödet oder in den Giftäscher gebracht.

Das Äschern soll hier nach dem Einäschersystem ausgeführt werden. Es wird hier das Schwöden vorgezogen; dabei soll der Schwödebrei, wie bereits beschrieben, angestellt werden. Das Schwöden geschieht in der Weise, daß man mit einem Wedel die Fleischseite genügend bestreicht, wobei die kleinen Felle Fleischseite auf Fleischseite flach aufgebreitet werden. Die mittleren und schweren hingegen schlägt man zusammen und schichtet sie auf kleinere Haufen auf. Während dieser Zeit wird die Äschergrube mit so viel Wasser gefüllt, daß die einzubringenden Felle davon bedeckt werden und gibt 3—5% Salz, das vorher gelöst wurde, hinzu.

Sobald die Haare lässig sind, werden die Felle, Narbenseite nach unten, in die Äschergrube gebracht. Nach ca. 15 Std. werden die Felle aufgeschlagen, 4% Weißkalk zugebessert und dann die Felle, Narbenseite wieder nach unten, in den Äscher zurückgebracht, worin sie je nach der Stärke 2—3 Tage unter mehrmaligem Aufschlagen verbleiben. Nach dieser Zeit werden die geäscherten Felle in einem langsam gehenden Faß (4 Touren per Minute) bei genügend zu- und abfließendem Wasser 20—30 Min. gespült, darauffolgend auf der Maschine geschoren, dann nachgearbeitet und gespalten. Die leichteren Felle werden nur Kopf gespalten, wohingegen man die schwereren ganz durch die Maschine läßt, um sie zu egalisieren. Nach dem Spalten werden die Felle mit dem Stein geglättet, gewogen und so das Glätt- oder Blößengewicht ermittelt. Sodann werden die Felle ca. 1 Std. in der Haspel bei zu- und abfließendem Wasser gespült und dann gebeizt.

Die Blößen kommen nach dem Waschen in 40° C warmes Wasser, werden 5 Min. bewegt und 1% Purgatol gut verdünnt langsam zugesetzt. Nach ca. $^3/_4$ Std. gibt man 0,3% Oropon zu und haspelt so lange, bis die Probe mit Phenolphthalein nur noch Kalkspuren zeigt, worauf die Blößen durch warmes Wasser gezogen und gestrichen werden. Nach dem Streichen wäscht man ca. 30 Min. und pickelt dann.

Die Pickelbrühe besteht aus:

> 150% Wasser
> 8% Salz
> 2% Salzsäure.

Damit werden die Blößen ca. 1 Std. gewalkt, worauf man die
Brühe abläßt, das Faß schließt, in Bewegung setzt und durch die
hohle Achse die Vorgerbebrühe langsam zusetzt. Diese Brühe besteht aus:

$$5\% \quad \text{Chromalaun}$$
$$2\% \quad \text{Alaun}$$
$$20\% \quad \text{Wasser } 50^0 \text{ C.}$$

Sobald die Ingredienzien gelöst sind, gibt man noch 30%
kaltes Wasser zu.

In dieser Vorgerbebrühe laufen die Felle 1—2 Std. 5% Gerbesalz „Bayer" werden nach der Vorschrift von Bayer in 5% Wasser
gelöst und dann noch 95% Wasser zugegeben. Diese Gerbebrühe
wird in 6 Teilen 40 : 40 Min. durch die hohle Achse zugesetzt. Nach
ca. 6 Std. wird die Kochprobe gemacht. Sobald die Felle diese aus-
halten, werden sie weitere 2 Std. bewegt und über Nacht in der
Brühe belassen. Am andern Morgen werden sie ca. 1 Std. bewegt
und dann Narbe auf Narbe über Böcke geschlagen. Falls die Kochprobe ungünstig ausfällt, gibt man sehr langsam (Gummistopfen)
stark verdünnte Sodalösung zu, bis Kochgare eingetreten ist.

Nach beendeter Gerbung läßt man die Felle 1—2 Tage liegen,
wäscht sie dann 20 Min. aus, reckt sie auf der Maschine, worauf
sie gefalzt werden. Die gefalzten Leder werden gewogen, um das
Leder- oder Falzgewicht zu ermitteln, darauf entsäuert.

Die gefalzten Leder werden mit 200% Wasser ins Walkfaß
gebracht, dasselbe bewegt und dann durch die hohle Achse 1%
Sodabikarbonat stark verdünnt langsam zugegeben. Nach 30 Min.
gibt man 1% Borax zu und bewegt weitere 30 Min., worauf bei
zu- und abfließendem Wasser gespült wird.

Auf 100 kg Falzgewicht rechnet man:

$$100\% \quad \text{Wasser } 60^0 \text{ C}$$
$$0,8 \quad \text{Chromlederschwarz,}$$

das in 10% Wasser 70⁰ C gelöst und durch die hohle Achse zugesetzt wird. Nach 25 Min. gibt man 0,25% Blauholzextrakt (dem
man so viel Ammoniak einrührt, bis eine violette Färbung eintritt)
zu und läßt weitere 25 Min. laufen. Alsdann gibt man die Fettlösung dazu und bewegt ca. 1 Std. Die Fettlösung besteht aus:

$$1 \quad \% \quad \text{Seife (Hessena)}$$
$$0,5\% \quad \text{Moëllon}$$
$$2 \quad \% \quad \text{Hessena-Boxlicker}$$
$$20 \quad \% \quad \text{Wasser.}$$

Nach beendigter Fettung schlägt man die Felle über Böcke und läßt sie 12 Std. hängen. Sie werden jetzt auf der Maschine gereckt, mit Mineralöl von den Narbenseiten abgeölt und an den Hinterklauen zum Ablüften aufgehängt. Die abgewelkten Leder werden nachgestoßen und dann zum Trocknen in eine Trockenkammer oder Raum gehängt.

Die getrockneten Leder werden an einen kühlen Ort gebracht, damit sie Feuchtigkeit anziehen können, darauffolgend in feuchte Sägespäne gelegt (12 Std.), gestollt, dann aufgespannt und bei nur mäßig warmer Temperatur getrocknet. Nach dem Trocknen werden die Felle beschnitten, gebügelt und der Narben mit einer Milchsäurelösung 1 : 10 abgewaschen, getrocknet, darauf appretiert und wieder getrocknet. Die Felle werden jetzt glanzgestoßen, gekrispelt und gebügelt. Sie sind dann fertiggestellt.

Die Appretur besteht aus:

$$\begin{array}{rl} 500\,\text{g} & \text{Blauholzextrakt} \\ \text{in } 10\,\text{l} & \text{Wasser gelöst,} \\ 240\,\text{g} & \text{Ammoniak} \\ 500\,\text{g} & \text{Nigrosin} \\ \text{in } 10\,\text{l} & \text{Wasser gelöst } 70^0\,\text{C,} \\ 20\,\text{g} & \text{Eisenvitriol} \\ 10\,\text{g} & \text{Chromkali} \\ 1\,\text{l} & \text{Wasser } 50^0\,\text{C.} \end{array}$$

Diese Lösung wird auf 50 l Wasser angestellt. Wenn sie erkaltet ist, werden 5—6 l frisches Rindsblut und 2 l frische Milch zugesetzt. Nach 36 Std. ist die Appretur gebrauchsfertig, und man gibt auf 10 l Glanz 20—30 Tropfen reines Lavendelöl zu. Im übrigen richtet sich der Glanz nach der Gerbung und Fettung, sowie nach der Narbenbeschaffenheit des Leders.

Die Zurichtung der farbigen Leder ist dieselbe.

Die Appretur besteht aus:

$$\begin{array}{l} 1\ \text{Teil Milch} \\ 3\ \text{Teile Wasser,} \end{array}$$

oder:

$$\begin{array}{l} 10\,\text{l Wasser} \\ 20-30\,\text{g Eialbumin.} \end{array}$$

Zum Anfärben setzt man von der Grundfarbe der betreffenden Nuance 8—12 g auf 10 l Appretur zu. Das Bügeln nach dem Krispeln ist besonders wichtig, da das Ansehen des fertigen Leders bedeutend erhöht wird. Das Bügeln wird zum Teil auch heute noch mit der Hand oder auf der Altera ausgeführt. Die Turner Maschinen-A.-G. hat eine hydraulische Bügelmaschine auf den Markt gebracht, die allen heutigen Anforderungen entspricht, da sie eine vollendete Arbeit liefert. Diese Maschine sollte daher in keinem modernen Betriebe fehlen. Es soll etwa keine Reklame für die Maschinenfabrik gemacht werden, der Verfasser hat sich von der Leistungsfähigkeit dieser Maschine überzeugt und empfiehlt sie im Interesse eines jeden Fachmanns, der nach Vollendung seines Fabrikats strebt. Es soll hier nochmals erwähnt werden, daß man keine Kosten scheuen soll, wenn im Zusammenhange damit eine bessere Qualität erzielt wird.

Das Gerben mit „Gerbesalz Bayer“. „Gerbesalz Bayer“ ist ein basisches Chromsulfat, dessen Basizität $^6/_{12}$ beträgt, mit einem Gehalt von 36% Chromoxyd (Cr_2O_3). Das Gerben mit basischem Chromsulfat liefert bekanntlich ein vorzügliches Resultat in bezug auf die Qualität. Das gute Gelingen hängt nicht allein vom Gerbsalz ab, sondern vom Rohmaterial, der Wasserwerkstatt und den jeweiligen Verhältnissen.

Sobald sich der Gerber damit zurechtgefunden hat, d. h. sich eingearbeitet hat, wird er mit dem Fabrikat in jeder Beziehung hin zufrieden sein. Basisches Chromsulfat liefert etwas flaches Leder, es ist daher für farbige Ware außerordentlich gut geeignet; für schwarze und kräftige Leder ist es empfehlenswert, eine entsprechende Rohware zu verarbeiten, um die gewünschte Qualität zu erhalten. Nach den Vorschriften von Bayer soll man 4—5%, bei Rindleder 6%, an Gerbesalz verwenden. Es werden aber viel bessere Resultate erzielt, wenn man bei Boxkalf 6—8% (die gleiche Menge gilt auch für Rindbox) zur Anwendung bringt. Dadurch erhält das Hautmaterial eine kleine Aufpolsterung, die in diesem Falle sehr vorteilhaft ist. Folgende Vergleiche zeigen, daß der Mehrverbrauch, der qualitätsverbessernd ist, in keinem Verhältnis zur Preisdifferenz steht.

100 Teile Hautblöße
18% Chromalaun (15% Cr_2O_3)
$\llcorner$ 18 · 15 = 2,7% Cr_2O_3.

100 Teile Hautblöße
8% Gerbesalz (36% Cr_2O_3)
$\llcorner$ 8 · 36 = 2,88% Cr_2O_3.

Die Hauptsache ist die Wasserwerkstatt, und es findet sowohl das Einäscher-, als auch das Zweiäschersystem Anwendung. Basisches Chromsulfat bildet die Grundlage des Zweibades. Die Gerbung findet im allgemeinen nach den Vorschriften statt unter Berücksichtigung der hier angegebenen Menge. Gerbesalz kann mit jedem Verfahren kombiniert werden, zu diesem Zwecke stellt man es $^4/_{12}$ basisch. Sehr vorteilhaft wird es zum Nachgerben mit $^6/_{12}$ bei entfetteten Schaffellen angewendet, die zu farbigen Chevrett oder für Bekleidungsleder verarbeitet werden. Ein gutes Verfahren besteht auch darin, daß man die Blößen mit 5% Chromalaun und 2—3% Alaun vorgerbt, wobei die Blößen etwas geschwellt werden, und dann mit 4—5% Gerbesalz, das vorher $^4/_{12}$ basisch gestellt wurde, sukzessive ausgerbt. Sobald die Leder kochgar sind, ist die Gerbung beendet.

Das Verfahren selbst führt man wie folgt aus:

> 100 kg Blößen werden mit
> 8% Salz
> 3% Salzsäure 20° Bé
> 200% Wasser

1 Std. im Faß gepickelt, man lasse sie dann 1 Nacht darin liegen, worauf am Morgen noch 1 Std. gewalkt wird.

Der Pickel wird abgelassen.

5% Chromalaun, 2% Alaun werden in 20% heißem Wasser gelöst und noch 30% kaltes Wasser zum Abkühlen hinzugefügt. Durch die hohle Achse setzt man diese Lösung in 3 Teilen 20:20 Min. zu und läßt 2 Std. laufen. 5% Gerbesalz werden nach der Vorschrift gelöst evtl. auf $^4/_{12}$ basisch gestellt und das Ganze auf 50% Gerbelösung durch Zusatz einer dementsprechenden Wassermenge gebracht.

Diese Lösung setzt man in 5—6 Teilen zu. Die ersten 3 Teile alle 40 Min., die restlichen alle 30 Min. Nunmehr wird die Kochprobe vorgenommen, und sobald die Blößen kochfest sind, walkt man weiter, läßt sie eine Nacht in der Brühe liegen und bewegt am Morgen noch 1 Std., worauf man sie 1—2 Tage über den Bock schlägt. Falls sie noch nicht ganz kochfest sein sollten, wird noch $^1/_8$—$^1/_2$% kalz. Soda, die in der 20fachen Menge Wasser aufgelöst wurde, durch die hohle Achse langsam zugesetzt (Gummistopfen). Vor dem Entsäuern soll nicht gewaschen werden, sondern es wird gleich mit 0,5—1% Sodabikarbonat (die Menge richtet sich nach dem Grade der Abstumpfung der Brühe) in 200% Wasser ins Faß gebracht. Damit laufen die Leder 20 bis 25 Min., worauf 1% Borax durch die hohle Achse kühl zugelassen wird, und man noch 30 Min. walkt. Darauf wird bei zu- und abfließendem Wasser 30 Min. gespült. Die Entsäuerung braucht nicht bis auf den toten Punkt durchgeführt zu werden, beim Fetten muß man dann einen dementsprechenden alkalischen Fettlicker anwenden. Die Leder trocknen ziemlich hart auf, man läßt sie daher gut ablagern, legt sie dann in ziemlich feuchte Sägespäne ein, stollt leicht, legt sie dann sorgfältig ausgebreitet auf Haufen, deckt sie gut zu, damit die Ränder nicht antrocknen und stollt am nächsten Morgen kräftig nach, worauf man sie aufspannt und bei mäßig warmer Zugluft trocknet.

Die so behandelten Leder sind weich, voll und festnarbig.

Das Gerben mit Dr. Eberles Chromalin G. Chromalin G in Pulver wird sowohl zum Gerben von Ober- als auch von Unterleder angewendet. Auf 100 kg Blößen rechnet man für das Pickeln:

10% Salz
2% Salzsäure 20° Bé
150% Wasser.

Darin werden sie 1 Std. gewalkt, und man läßt sie eine Nacht in der Pickelflüssigkeit liegen, worauf am Morgen noch 1 Std. bewegt wird. Der Pickel wird abgelassen.

8—10% Chromalin werden tags vorher in der 5fachen Wassermenge heiß gelöst und mit so viel kaltem Wasser verdünnt, daß man eine Stammlösung von 150% erhält, die man dann in 6 Teilen, die ersten 4 Teile stündlich, die restlichen alle 30 Min. langsam (Gummistopfen) durch die hohle Achse zusetzt. Die Durchgerbung wird erkannt, wenn die Blößen im Schnitt rein grün gefärbt sind, vor allen Dingen, wenn sie kochfest sind. Die weitere Behandlung ist wie üblich. Die mit Chromalin gegerbten Leder sind von guter Beschaffenheit und Qualität. Die damit hergestellten Binderiemen, Treibriemen zeichnen sich durch eine sehr große Zähigkeit aus.

Das Gerben mit Dr. Böhms Koreon A. Koreon A ist ein grünes, grobes Pulver, das sich in Wasser von 80° C sehr leicht löst. Es enthält ca. 24% Chromoxyd und ist $^4/_{12}$ basisch. Seine Anwendungsmöglichkeit ist folgende:

100 kg Blößen erhalten im Pickel:

    8%   Salz
    2%   Salzsäure 20° Bé
150%   Wasser.

Darin walkt man sie 1 Std., läßt sie über Nacht in der Pickelflüssigkeit liegen und bewegt am Morgen noch 1 Std., läßt dann den Pickel ab, gibt den ersten Teil Koreon und 4% Salz hinzu. 10% Koreon werden in 50% Wasser 80° C gelöst, darauf noch 100% kaltes Wasser zugesetzt und in 6 Teilen, die ersten 4 stündlich, der Rest in 30 Min. durch die hohle Achse zugegeben. Nach 8 stündigem Walken wird die Kochprobe vorgenommen und dann weiter bewegt. Man läßt die Blößen eine Nacht in der Brühe liegen, walkt am Morgen noch 1 Std. und schlägt sie dann 1—2 Tage über den Bock. Die mit Koreon A gegerbten Leder zeichnen sich durch eine sehr gute Qualität aus.

B. Rindbox.

Das Weichen der Häute soll in 36 Std. beendigt sein bei zweimal frisch wechselndem Wasser. Dabei ist es nicht notwendig, alles Salz zu entziehen, da man sowieso dem Äscher Salz zusetzt. Das Äschern erfolgt nach dem Ein- oder Zweiäschersystem. Sehr vorteilhaft ist auch das Äschern im Faß, wodurch man an Arbeit und Zeit spart. Bei der Herstellung von Rindbox ist nebenbei bemerkt das Spalten von Wichtigkeit, da durch das Verspalten viel Schaden angerichtet werden kann. Nach dem Spalten wird 1 Std. gewaschen, dann mit dem Stein geglättet, worauf gewogen und dann gebeizt wird.

1—1,5% Purgatol wird in 3 Portionen in Abständen von 15 Min. zugesetzt. Nach 1 Std. gibt man 0,2—0,4% Oropon zu und haspelt ca. 30 Min. Nach dieser Zeit, zum mindesten dann, wenn nur noch kleine Spuren von Kalk sich zeigen, werden die Häute durch warmes Wasser gezogen und gestrichen, worauf gut gewaschen und danach gepickelt wird.

100 kg Blößen erhalten

    8%   Salz
    3%   Salzsäure 20° Bé
150%   Wasser.

Damit walkt man die Blößen 2 Std., läßt die Pickelbrühe ab und gibt 6% Chromalaun, in 30% Wasser gelöst, langsam hinzu. Danach walkt man 30 Min.

10% Chromalaun werden in 50% Wasser heiß gelöst, möglichst einen Tag vorher, damit die Lösung abgekühlt ist, worauf sie dann in 2 Teilen in Abständen von 30 Min. durch die hohle Achse langsam zugesetzt wird. Die Blößen gehen im ganzen dann 3 Std. Darauf löst man 2—4% Antichlor in 20% Wasser warm auf und gibt die Lösung in 3 Portionen nach je 30 Min. durch die hohle Achse zu und walkt 3 Std. Man kann jetzt einen Zusatz von Salzsäure oder von kalz. Soda zugeben, um die gewünschte Basizität zu erhalten; von der Säure rechnet man 1—2% gut verdünnt, von der Soda 0,5—1% ebenfalls stark verdünnt und setzt von beiden sehr vorsichtig zu. Nach ca. 2 Std. ist die Gerbung beendet; und man läßt die Häute eine Nacht in der Brühe liegen, worauf am andern Morgen noch 1 Std. bewegt wird, und sie dann über Böcke geschlagen 1—2 Tage zur besseren Fixierung sich überlassen bleiben. Man kann auch die Zweibad- und Kombinationsgerbung anwenden; auch Chromalin, Gerbesalz Bayer und Koreon A liefern zufriedenstellende Resultate. Die Weiterbehandlung ist wie bei Boxkalf.

Die Fettung besteht aus:

    1 % Seife
    3 % Licorol
    ½ % Degras
    0,1% Sodabikarbonat.

Die Zurichtung ist wie bei Boxkalf, doch empfiehlt es sich, das Appretieren zweimal vorzunehmen, da der erste Auftrag der größeren Porösität wegen zu stark aufgesogen wird und ein gleichmäßiger Glanz schwerer zu erhalten ist.

C. Roßchevreau.

Die Roßhäute werden ca. 36 Std. bei mehrmaligem Wasserwechsel geweicht und darauffolgend geäschert. Das Äschern erfolgt sowohl im Faß, als auch in der Grube, es richtet sich nach der Provenienz und den allgemeinen Verhältnissen. Die Gerbung wird am vorteilhaftesten nach dem Zweibadverfahren ausgeführt. Man erhält so einen schöneren und glatten Narben.

Die aus der Weiche gut abgetropften Leder werden in den Äscher gebracht. Dieser ist wie folgt zusammengesetzt:

    1% Schwefelnatrium konz.
    8% Weißkalk.

Die Dauer richtet sich je nach der Herkunft und der Stärke, sie schwankt zwischen 6—9 Tagen. Diese Äscherung läßt sich auch zweckmäßig in der Trommel ausführen, wodurch an Zeit gespart wird. Nach beendigtem Äschern werden die Häute enthaart, entfleischt und dann 1 Std. in zu- und abfließendem Wasser gespült, worauf gebeizt wird. Nach dem Entfleischen werden die Schilder abgetrennt und vegetabilisch ausgegerbt.

Sobald die Schilder abgetrennt sind, nennt man den übrigen Teil Hälse, die man spaltet und wiegt, um das Blößengewicht zu ermitteln. Auf 100 kg Blößengewicht:

$$1\% \text{ Oropon}$$
$$\text{Wasser } 40^0 \text{ C.}$$

Die Beizdauer beträgt 1—2 Std. Nachher wird gestrichen und dann $^1/_2$ Std. gespült. Die nun gerbfertigen Blößen werden zunächst gepickelt, um sie für die Chromsalze aufnahmefähiger zu machen. Die Pickelbrühe besteht aus:

$$200\% \text{ Wasser}$$
$$10\% \text{ Salz}$$
$$1\% \text{ Schwefelsäure } 66^0 \text{ Bé.}$$

Die Blößen werden darin 2 Std. bewegt. Während dieser Zeit bereitet man in einem zweiten Fasse die Chromierbrühe. Dabei rechnet man:

$$3\ \% \text{ Kaliumbichromat}$$
$$5\ \% \text{ Salz}$$
$$\text{in } 20\ \% \text{ Wasser}$$
$$1{,}5\% \text{ Schwefelsäure } 66^0 \text{ Bé}$$
$$\text{dazu } 5\ \% \text{ Chromalaun}$$
$$10\ \% \text{ Wasser } 50^0 \text{ C.}$$

Diese Chrombrühe soll 15^0 Bé spindeln, und man gibt von ihr die Hälfte ins Faß. Die gepickelten Blößen kommen sofort hinzu, worauf man das Faß schließt und bewegt. Nach 30 Min. wird der Rest durch die hohle Achse zugesetzt und 4 Std. gewalkt. Die chromierten Hälse werden über den Bock geschlagen, die Brühe abgelassen und eine Antichlorlösung wie folgt angestellt.

10% Antichlor werden gelöst und die Lösung durch Zusatz von Wasser auf 3^0 Bé gestellt, worauf die chromierten Blößen zugegeben werden, das Faß geschlossen und in Bewegung gesetzt wird. Durch die hohle Achse gibt man 4% 20^0 Bé Salzsäure hinzu und walkt 3—4 Std.

Die nun fertig gegerbten Hälse werden 24 Std. über den Bock gehängt. Bevor die Leder gefalzt werden, wird 1 Std. bei zu- und abfließendem Wasser gewaschen, dann entsäuert. 200% Wasser gibt man ins Faß, schließt es und läßt es laufen. Durch die hohle Achse gibt man 2% Borax und walkt ca. 1 Std., worauf 1 Std. gespült wird. Nach dem Falzen wird gefärbt, gefettet, gestoßen und getrocknet. Die Leder werden dreimal appretiert, gewaschen und dreimal glanzgestoßen, dann gebügelt.

D. Chevreau.

Dieses Luxusleder wird heute von einigen Fabriken in fast vollendeter Schönheit hergestellt und in Schwarz sowie farbig auf den Markt gebracht. Die Herstellung dieses Leders ist sehr abhängig von der Qualität der Rohware, deren richtige Auswahl viele Erfahrungen erfordert.

Bei getrockneten Fellen findet ein Vorweichen in der Grube statt, worauf man sie im Faß gut durcharbeitet, dann streckt und in frisches Wasser zurückbringt. Gesalzene Felle werden bis auf das Walken genau so behandelt, nur wird das Wasser entsprechend oft erneuert, je nachdem es die zu entfernenden Unreinigkeiten gebieten.

Die geweichten Felle läßt man gut abtropfen, worauf sie geschwödet werden. Will man die Haare gewinnen, wird nach 12—15 Std. auf dem Baum gehaart und die Felle abgewogen. Sie werden dann in die Äschergrube, die mit einer dementsprechenden Wassermenge angestellt ist, eingebracht, wodurch sich eine milde wirkende Äscherbrühe bildet, die für die Beschaffenheit des Narbens günstig ist. Nach 24 Std. schlägt man auf und bessert 10% Kalk zu, beläßt sie unter täglichem Aufschlagen 3 Tage, worauf nochmals 10% Kalk und 0,2% roter Arsenik zugebessert werden. Die Äscherzeit richtet sich ganz nach der Herkunft und Beschaffenheit des Rohmaterials; sie schwankt zwischen 6 bis 14 Tagen. Nach dem Äschern walkt man ca. 1 Std. bei reichlich zu- und abfließendem Wasser (kalt), worauf die Felle entfleischt, nochmals gewaschen und dann gebeizt werden.

Die entfleischten Felle werden gewogen und so das Blößengewicht ermittelt. Das Beizen soll hier intensiv durchgeführt werden. Für diesen Zweck ist das Oropon am geeignetsten.

Auf 100 kg Blößen rechnet man 1—2% Oropon. Nach erfolgtem
Beizen wird gestrichen, danach ca. ½ Std. gespült und gepickelt.
100 kg Blößen erhalten:

$$10\% \text{ Salz}$$
$$1\% \text{ Schwefelsaure Tonerde}$$
$$1\% \text{ Schwefelsäure}$$
$$\text{in } 200\% \text{ Wasser.}$$

Man walkt damit die Felle ca. 2 Std., worauf sie in das Chromier-
bad kommen. Es besteht aus:

$$4\ \ \% \text{ Chromkali}$$
$$5\ \ \% \text{ Salz}$$
$$1{,}75\% \text{ Schwefelsäure } 60^0 \text{ Bé.}$$

Die Brühe muß 12^0 Bé messen und wird in 3 Teilen in Abständen von 30 Min. durch die hohle Achse hinzugesetzt. Nach
ca. $2^1/_2$ Std. kommen die Felle heraus und werden über den Bock
geschlagen. Während dieser Zeit stellt man das Reduzierbad an:

$$14\% \text{ Antichlor.}$$

Brühe 4^0 Bé. Die Felle kommen hinein, worauf das Faß
geschlossen, in Bewegung gesetzt und durch die hohle Achse
6—7% Salzsäure zugesetzt wird. Die Reduktion ist dann beendet,
wenn der Schnitt durchgehend bläulichgrünlich ist, sie dauert
ca. 3 Std. Vorteilhaft ist es, die Felle eine Nacht in der Brühe
zu belassen, worauf am Morgen noch 1 Std. gewalkt wird, und
dann die Felle über den Bock geschlagen werden.

Nach dem Liegen (1—2 Tage) wird 1 Std. gespült, gefalzt,
und dann werden die Leder gewogen. Das ermittelte Gewicht
(Falzgewicht) dient als Norm für die weitere Verarbeitung. Obgleich
die Felle 1 Std. gespült wurden, enthalten sie größere Mengen an
freier Säure, die durch das Neutralisieren (Entsäuern) entfernt
werden muß. Am vorteilhaftesten verwendet man hier Borax,
wovon 2—3% vom Falzgewicht gerechnet genügen dürften. Man
walkt damit ca. 1½ Std. bei 30^0 C und spült dann 1 Std. bei gleicher
Temperatur, die am Ende auf ca. 60^0 C erhöht wird, wodurch
die Leder zum Färben vorgewärmt werden. Gleichgültig ist dabei,
ob sie für Schwarz oder Farbig zur Verarbeitung kommen. Man
rechnet für Schwarz:

$$1\% \text{ eines substantiven Chromlederschwarz}$$
$$100\% \text{ Flotte } 65^0 \text{ C,}$$

worin man die Leder 30 Min. walkt, und setzt dann 0,25—0,5 %
Blauholzextrakt mit Ammoniak versetzt zu und bewegt weitere
30 Min. Sodann wird die Fettung, bestehend aus:

1% Marseiller Seife
1% Degras
1% Hessenaöl,

zugesetzt und eine weitere Stunde gewalkt. Eine andere Fettung ist die aus Marseiller Seife, Klauenöl und Eigelb. Dabei
soll die Temperatur der Flotte 50⁰ C nicht übersteigen, da es des
Eigelbes wegen nicht ratsam ist. Nach beendeter Fettung läßt
man die Leder 12 Std. über den Bock hängend liegen und erzielt so eine bessere Verteilung des Fettes. Danach werden
die Felle ausgereckt und vom Narben mit Mineralöl abgeölt und
zum Trocknen an den Hinterklauen an Haken aufgehängt.

Für farbige Ware ist es naturgemäß von vornherein ge-
boten, daß auf eine gute und narbenreine Rohware besonders
gesehen wird.

Nach dem Trocknen läßt man die Felle in einem kühlen
Raume ablagern, worauf sie in feuchte Sägespäne eingelegt und
danach gestollt und aufgespannt werden. Das Trocknen der auf-
gespannten Leder soll in nur mäßig warmer Luft erfolgen, damit
sie nicht zu fest werden und vom Narben aus milde bleiben.

Die Leder werden dann entnagelt, beschnitten und die
Narbenseite mit einer Milchsäurelösung 1:10 abgewaschen, getrocknet, appretiert, getrocknet und dann auf der Maschine glanzgestoßen. Diese Arbeitsweise kann 2—3mal je nach Bedarf
wiederholt werden, worauf zum Schluß gebügelt wird. Der Griff
von Chevreau soll fest und doch milde sein.

E. Chevrett (Chevreauimitation).

Chevrett wird aus dazu geeigneten Schaffellen hergestellt.
Die Auswahl dieser Rohware muß besonders fachkundig erfolgen,
da von ihr zum größten Teil das Ergebnis des fertigen Leders abhängig ist. Je mehr die Wolle dem Haar näherkommt, um so
schöner gelingt die Imitation. Feinwollige Felle verarbeitet man
zu Galanterieleder und gerbt sie zu diesem Zwecke mit vegetabilischen Gerbstoffen aus. Weiter werden sie zu Bekleidungs-,
Möbel- und Sämischleder sehr vorteilhaft verarbeitet.

Bei der Verarbeitung von Schaffellen ist der Gewinnung der Wolle eine besondere Aufmerksamkeit entgegenzubringen, und es ist daher eine umsichtige Behandlung der Felle notwendig.

Sie werden in getrocknetem Zustande 2 Tage geweicht, dann gestreckt und auf einen Tag in frisches Wasser zurückgebracht. Die Arbeit kann verkürzt werden, wenn es die Arbeitsverhältnisse gestatten. Zu diesem Zwecke weicht man sie nur 1 Tag und walkt sie bei genügend zu- und abfließendem Wasser, streckt sie dann, worauf man sie ebenfalls 1 Tag in frisches Wasser zurückbringt (nachweicht).

Nach beendigter Weiche läßt man die Felle gut abtropfen, breitet sie auf Haufen auf und schwödet sie an. Um nun bei feinwolligen Fellen eine reine und schöne Wolle zu erhalten, wird der Schwödebrei wie folgt angestellt:

Man benutzt eine Ätznatronlösung von 20—25° Bé, der man so viel Kalk zusetzt, bis sie dicklich ist. Nach 12—15 Std. wird entwollt. Zu beachten ist noch, daß nach dem Schwöden keine zu großen Haufen geschichtet werden, um das Warmwerden zu vermeiden, worunter die Wolle erheblich leidet. Die mit Ätznatron behandelten Felle werden mit Weißkalk geäschert und geben eine volle schöne Blöße.

Der Schwödebrei aus Schwefelnatrium wird für getrocknete Schaffelle wie folgt zubereitet:

50 kg Schwefelnatrium werden in genügender Menge Wasser gelöst und diese Lösung auf 23° Bé gestellt. Auf 4 Eimer Lauge rechnet man 1 Eimer gelöschten Kalk oder gibt so viel Schlemmkreide hinzu, bis die Lösung dicklich wird.

Nach dem Entwollen werden die Felle nachgeäschert, und man rechnet bis zu 10% Weißkalk. Man kann sie auch in der Haspel oder im Faß abgiften, und man nimmt 2% Schwefelnatrium. Das Abgiften in der Haspel dauert 6 Std., worauf 1 Std. gespült wird; im Faß walkt man 3 Std. und spült bei offenem Deckel ca. 1 Std. Darauffolgend wird geschabt und gewogen, um das Blößengewicht festzustellen. Schließlich wird gebeizt.

Auf 100 kg Blößengewicht rechnet man:

1 kg Oropon, oder
1 kg Esko.

Die Temperatur betrage 40° C. Die Dauer richtet sich nach der Beschaffenheit und Herkunft des Rohmaterials und beträgt ½ bis

1 Std. Darauffolgend wird gestrichen, dann kurz gewaschen und
gepickelt.

Die Pickelbrühe besteht aus:

200% Wasser,
8% Salz,
3% Salzsäure,

und man walkt damit ca. 1 Std. Von da aus gibt man die Felle
ohne weiteres ins Gerbfaß. Die Gerbung wird am zweckmäßigsten
nach dem Zweibadverfahren ausgeführt. Die Chromierbrühe
besteht aus:

4 % Chromkali,
6 % Kochsalz,
1,5% Schwefelsäure 66⁰ Bé.

Die Brühe soll 12⁰ Bé spindeln. Nach 2½ Std. werden die
Felle ohne Verzug in das Antichlorbad gebracht. Dieses besteht aus:

12% Antichlor

und dazu so viel Wasser, bis die Lösung 4⁰ Bé spindelt. Sobald
das Faß in Bewegung gesetzt ist, gibt man durch die hohle Achse
ca. 6% Salzsäure und walkt damit 3 Std., läßt die Felle eine
Nacht in der Brühe liegen, bewegt am Morgen noch 1 Std., worauf
man sie zwecks einer besseren Fixierung der Chromsalze 1 Tag
über Böcke schlägt.

Die nachfolgende Verarbeitung ist nunmehr für das gute Gelingen ausschlaggebend. In erster Linie kommt es hier auf die
Entfettung an. Bevor die Leder entfettet werden, werden sie gewaschen, entsäuert, nochmals gewaschen und dann gefalzt.
Erst dann wird entfettet.

Die Entfettung nach dem Naßverfahren ist mit mehr Schwierigkeiten verbunden als beim Trockenverfahren.

Bei dem Naßverfahren kommen Halbfertigfabrikate zur Entfettung, z. B. „grüne" Chromleder. Die Befreiung in diesem
Stadium ist für Leder, besonders für Farbleder, von großer Bedeutung, denn das im Fell sitzende „Naturfett" bereitet große
Schwierigkeiten beim Färben. Bei gut genährten Rindshäuten
und Kalbfellen kann man ohne weiteres eine Entfettung des
Naturfettes vermittels Ätznatron durchführen, um das Färben
dieser Leder zu erleichtern.

Schaffelle jedoch bedürfen einer intensiven Entfettung, da man ohne diese nicht auskommt. Früher wurde viel mit Benzin, zum Teil auch mit Alkalien, entfettet.

Die neueste Entfettungsmethode ist die mit Trichloräthylen CCl_2CHCl, in der Technik kurz „Tri" genannt. Dieses ist ein Spaltungsprodukt des Tetrachloräthans $CHCl_2 \cdot CHCl_2$, das durch Kochen mit Kalk und Wasser unter Salzsäureabspaltung Trichloräthylen bildet. Es ist eine wasserhelle Flüssigkeit, deren spez. Gewicht 1,47 ist, und siedet bei 88° C, verdunstet aber schon sehr stark bei gewöhnlicher Temperatur an der Luft. Sein Geruch erinnert sowohl an Chloroform, als auch an Benzin. Die Tridämpfe üben eine betäubende Wirkung aus. Tri eignet sich zur Entfettung für Schaffelle sehr gut.

Die Entfettung mit „Tri" erfordert eine dafür geeignete Anlage.

Die für farbige Chevrettes bestimmten Felle müssen, nachdem sie entfettet sind, eine Nachgerbung erhalten, damit die entstandenen Hohlräume gefüllt werden. Man verwendet zu diesem Zweck am vorteilhaftesten das basische Chromsulfat.

Die weitere Behandlung und Zurichtung erfolgt wie bei Chevreau.

F. Bekleidungsleder.

Das Bekleidungsleder ist heute ein großer Modeartikel geworden und wird von einigen Fabriken in fast vollendeter Schönheit hergestellt.

Die Bearbeitung des rohen Felles und die Zurichtung sind auf das sorgfältigste auszuführen, wenn der Zweck erreicht werden soll. Das Weichen, Äschern und Gerben geschieht in derselben Weise wie bei Chevrett. Nach dem Entfetten werden die Felle mit Koreon, „Gerbesalz Bayer" oder einem ähnlichen Gerbstoff nachgegerbt, darauffolgend entsäuert und gefärbt. Schaffelle lassen sich in der Regel nicht besonders gut färben, da man aber um eine gleichmäßige Nuance besorgt sein muß, wird ein Nachfärben resp. Übersetzen in der Zurichterei vermittels Deckfarben vorgenommen. Es gibt heute schon eine größere Anzahl derartiger Farben, doch muß man in der Auswahl sehr vorsichtig sein, da die meisten von ihnen mehr oder weniger abfärben. Das Auftragen erfolgt mit der Hand, vorteilhafter jedoch mit einem

Spritzapparat. Bei dieser Methode wird bedeutend an Farbe gespart, wodurch die Kosten der Anschaffung eines derartigen Apparates bald wieder eingebracht werden.

Nach dem Faßfärben erfolgt das Fetten und man rechnet auf 100 kg Falzgewicht:

1 % Seife
1 % Klauenöl
4 % Eigelb
0,1% Salz.

Die Fettung wird bei einer Temperatur von 45—50⁰ C ausgeführt und soll nicht überschritten werden. Die Seife wird vorher fein geschnitten, mit der nötigen Wassermenge und dem Klauenöl versehen und tüchtig gekocht. Das Eigelb wird in lauwarmem Wasser aufgelöst und dann, sobald die übrige Fettlösung abgekühlt ist, dieser eingerührt. Nach 1 Std. dürfte das Fett gut aufgenommen sein, worauf man die Felle aus dem Fasse herausnimmt, durch heißes Wasser zieht und 12 Std. über den Bock hängt. Danach wird gereckt, abgelüftet, nachgestoßen und die Leder an den Hinterklauen an Haken hängend bei mäßiger Temperatur getrocknet (möglichst Lufttrocknen). Sobald die Felle getrocknet sind, werden sie auf kleine Haufen aufgeschichtet und in einem feuchten Raum zum Ablagern sich selbst überlassen, bis sie so viel Feuchtigkeit angezogen haben, daß die Sägespäne nur wenig angefeuchtet zu werden brauchen. Sind nun die Leder gleichmäßig durchzogen, werden sie gestollt, zum Austrocknen in mäßig warme Luft gehängt und nachgestollt, darauf fertig getrocknet und dann die Fleischseite geschliffen. Die Leder spannt man dann auf (falls sie vom Narben fettig sind, wäscht man ihn mit Benzin aus) und deckt sie z. B. mit Egalonfarben, um eine gleichmäßige Farbe der Narbenfläche zu erhalten. Bei Anwendung der Egalonfarben ist folgendes besonders zu beachten:

1. Das Leder muß vollständig trocken sein, damit keine Zersetzung der Farben eintreten kann.

2. Das Leder darf vom Narben noch nicht bearbeitet sein, da die Poren offen sein müssen, um so das Eindringen der Farbe besser zu ermöglichen und eine gleichmäßigere Färbung zu erzielen.

3. Der Narben muß vollständig fettfrei sein, andernfalls haftet die Farbe nicht und läßt sich ohne weiteres abziehen.

4. Der Grundton des Leders muß möglichst mit der Egalonfarbe übereinstimmen.

5. Die mit Egalonfarben behandelten Leder sind in trocknen Räumen nicht über 30⁰ C möglichst langsam zu trocknen.

6. Ein schnelleres Trocknen wird durch Zusatz von Amylazetat erreicht.

Die getrockneten Leder werden mit Eiweißlösung versehen, getrocknet und sind nach dem Bügeln oder Bürsten auf der Maschine fertiggestellt.

G. Chromriemenleder.

Die Kraftübertragung und das gleichmäßig ruhige Laufen eines Riemens sind nicht allein in seiner Stärke, sondern ebenso in seiner Breite und seiner Reißfestigkeit zu suchen, wobei eine sich anpassende Elastizität von großer Bedeutung ist. Diese Eigenschaften, die bei einem gut gearbeiteten Chromriemen in hohem Maße vorhanden sind, machen diesen wertvoll und für gewisse Antriebe unentbehrlich. Das Rohmaterial muß daher auf seine Stellung und Beschaffenheit tadellos sein, es sollen möglichst mittlere und schwere Ochsenhäute, sobald es sich um Qualitätsriemen handelt, verarbeitet werden.

Das Weichen der Häute soll in 36 Std. bei mehrmals wechselndem Wasser durchgeführt sein, worauf sie in den Äscher gelangen.

Das Äschern wird nach dem Dreiäschersystem oder nach dem Araäscher ausgeführt. Nach letzterem erhält man eine recht zähe Blöße, die besonders für Riemenleder sehr geeignet ist. Die geweichten Häute kommen zuerst in einen Schwelläscher, der für 100 kg Grün- resp. Weichgewicht 6—8 kg Arapali enthält. In diesem Äscher bleiben die Häute unter täglichem Aufschlagen so lange, bis Haarlockerung eingetreten ist, worauf sie in den zweiten, sogenannten Arazymäscher gebracht werden, worin sie so lange bleiben, bis eine gänzliche Haarlockerung eingetreten ist. Darauffolgend wird gehaart, entfleischt und die Blößen 12—15 Std. in den Wasserkasten gehängt oder dementsprechend im Waschfaß gespült und sind dann gerbfertig.

Das Gerben erfolgt am zweckmäßigsten nach dem Einbadverfahren oder mit Chromalin, wodurch sehr gute Resultate erzielt werden können. Das Gerben mit Chromalin kann sowohl im Faß als auch in Gruben ausgeführt werden. Auf 100 kg Blößengewicht rechnet man 12 kg Chromalin, das in der 3fachen Wassermenge heißgelöst wird. Vor dem Gerben ist es sehr vorteilhaft, die Blößen zu pickeln, da man dadurch die Gerbung erleichtert, und sie auch gleichmäßiger durchgeführt werden kann. Man bereitet sich den Pickel am vorteilhaftesten durch Lösen von 10 kg Kochsalz oder solchem, das mit Petroleum denaturiert ist, 3 kg Salzsäure und 2 kg schwefelsaurer Tonerde in 200 l Wasser. Damit walkt man die Blößen 6 Std., läßt sie über Nacht in der Brühe liegen und bewegt am Morgen noch 1—2 Std., worauf man sie 2—3 Tage auf Haufen schichtet. Nach dieser Zeit bereitet man sich im Gerbfaß eine Brühe von 200 l Wasser und gibt so viel Chromalin dazu, bis sie 1° Bé spindelt. Hierauf gibt man die gepickelten Croupon hinein, schließt das Faß und setzt es in Bewegung. Der Rest der Chromalinlösung wird in 5—6 Teilen stündlich durch die hohle Achse zugebessert und 10 Std. gewalkt; in dieser Brühe läßt man die Leder eine Nacht liegen und walkt so lange, bis sie kochfest sind. Nach beendeter Gerbung schlägt man sie 2—3 Tage über Böcke, besser noch auf Haufen, worauf sie dann entsäuert werden. Man rechnet auf 100 kg Blößengewicht 2 kg Sodabikarbonat, walkt damit 2 Std. und gibt noch 2 kg Borax hinzu, bewegt so lange, bis die Probe mit blauem Lackmuspapier keine Rotfärbung zeigt und spült danach 1 Std. Daran anschließend wird gefettet. Zu diesem Zwecke löst man 2 kg Seife, 4 kg Degras und 8 kg Talg auf und setzt so viel kalz. Soda zu, bis eine gute Emulsion entsteht. Wünscht man besonders feste und schwere Riemenleder, werden die Croupons in einer Lösung bestehend aus 2 Teilen Talg, 1 Teil Stearin und 2 Teilen Paraffin eingebrannt. Die einzubrennenden Leder werden nach dem Entsäuern ausgereckt, auf Rahmen gespannt und getrocknet.

Nach dem Einbrennen werden die Leder auf beiden Seiten mit heißem Sodawasser gut abgebürstet und dann mit heißer Salzsäure oder Schwefelsäurelösung oder einer Mischung von beiden nachgebürstet. Es wird dann gut mit kaltem Wasser nachgespült und zum Trocknen aufgehängt. Das Bleichen kann nochmals wiederholt werden. Sobald die Leder getrocknet sind, talkumiert man sie von beiden Seiten ab und walzt sie leicht. (Letzteres ist nicht unbedingt notwendig.)

Ein gutes Riemenleder erhält man auch nach folgendem Verfahren:

Die geäscherten Häute (Croupons) werden gewaschen und entkälkt. Die Entkälkungsbrühe bereitet man sich aus 20% Zelluloseextrakt, z. B. Marke Hansa, 1—2% Kaliumbichromat und stellt sie auf 15—20° Bé. Die Blößen verfallen sehr stark und müssen daher geschwellt werden. Die Schwellung soll nicht durch eine Säure, sondern durch Chromalaun erfolgen. Zu diesem Zwecke stellt man sich eine 3—4° Bé starke Chromalaunlösung an, hängt die Blößen 2—4 Tage, je nach der Stärke der Leder, in diese ein, worauf man sie 3—4 Tage auf Haufen legt, damit sich der Chromalaun besser binden kann.

Die Croupons kommen ins Faß, und man rechnet auf 10 mittlere einen $^3/_4$ vollen Eimer Antichlor, womit sie bei möglichst kleiner Wassermenge ca. 1 Std. gewalkt und dann zum Ablüften aufgehängt werden. Die abgelüfteten Leder werden gewogen und erhalten:

8—10% Antichlor
4— 5% Schwefelnatrium, konz.,

dazu so viel Wasser, bis die Lösung 20° Bé spindelt. Sie kann auch heiß sein, wodurch das Eindringen begünstigt wird. Mit dieser Lösung walkt man die Croupons ca. 3 Std., setzt 5—6% Schwefelsäure 1 : 1 verdünnt hinzu und bewegt die Leder ebenso lange wie in der ersten Lösung. Sie werden dann sofort aufgespannt und in heißer Luft getrocknet, danach eingebrannt und gebleicht. Die Zurichtung ist im übrigen wie die allgemein übliche.

Binderiemen. Die leichteren Häute werden, wenn sie vom Narben fehlerhaft sind, vorteilhaft zu Binderiemen verarbeitet. Die Gerbung wird am zweckmäßigsten nach dem Einbadverfahren oder mit käuflichen Extrakten, wie Chromalin oder Kroeon, ausgeführt. Nach beendigter Gerbung werden die Leder 1—2 Tage über den Bock gehängt, worauf sie dann 30 Min. gewaschen und entsäuert werden. Die neutralisierten Leder werden dann sofort gefettet und man bereitet sich folgende Mischung:

2% Seife
3% Degras
4% Öl.

100% Wasser 80° C werden ins Faß gegeben, dasselbe geschlossen, in Bewegung gesetzt und durch die hohle Achse die

Fettmischung zugesetzt. Sobald das Fett gut aufgenommen ist, läßt man die Leder 24 Std. zum Abtropfen über Böcke hängen, lüftet sie dann ab, um sie nachzufetten oder trocknet sie zum Beschweren auf.

Die Beschwerung führt man wie folgt aus: Die getrockneten Leder werden gewogen und kommen dann ins trockne Faß. Auf 100 kg Trockengewicht rechnet man 20% Zucker und 30% Bittersalz. Beides wird zusammen aufgekocht und noch 4 bis 5% Türkischrotöl zugesetzt. Das Ganze gibt man ins Faß, schließt es und walkt ca. 5—6 Std. Die Beschwerung muß vollkommen aufgenommen sein, und es erfolgt dann die übliche Zurichtung. Eine Abänderung dieses Verfahrens besteht darin, daß man die entsäuerten Leder ablüftet.

Die gelüfteten Leder werden darauf mit 20% Zucker im Faß so lange behandelt, bis derselbe gut aufgenommen ist; worauf sie aufgehängt und nochmals abgelüftet und dann gefettet werden. Das Fetten erfolgt in einem heizbaren Schmierfaß mit einer Fettmischung aus 5 Teilen Talg, 3 Teilen Degras und 1 Teil Tran.

Hiermit walkt man die Leder so lange, bis alles Fett gut aufgenommen ist, worauf sie dann in warmer Zugluft getrocknet werden. Man zieht sie dann durch warmes Wasser und reckt sie gut aus, trocknet leicht an, pudert den Narben und die Fleischseite mit Federweiß ein, worauf gestollt, dann getrocknet und nochmals nachgestollt wird. Jetzt sind die Leder fertiggestellt. Die eingebrannten Binderiemen können in kaltem Wasser aufgewalkt werden. Sie werden danach ausgestoßen, angetrocknet, gestollt, fertig getrocknet und nachgestollt. Durch dieses Verfahren werden sie aufgehellt. Die Reißfestigkeit dieser Riemen ist sehr vorzüglich und allen anders gearbeiteten entschieden vorzuziehen. Die Farbe kann beliebig gewählt werden.

H. Schlagriemenleder.

Da diese Ledersorte außergewöhnlich zähe sein muß und auch an ihre Reißfestigkeit sehr hohe Ansprüche gestellt werden, muß das Augenmerk von vornherein darauf gerichtet sein und die Arbeitsmethode für diese Ledersorte dementsprechend eingestellt werden.

Neben einem zähen Äscher soll eine zähe Gerbung Anwendung finden, um die genannten Eigenschaften zu erzielen.

Das Rohmaterial, am geeignetsten dafür sind Büffel, wird kurz geweicht und nach dem Dreiäschersystem geäschert, darauf reine gemacht und entkälkt.

Die Blößen werden am besten im Faß mit 2—3% Purgatol ca. 2 Std. gewalkt, worauf man noch 0,6% Oropon zusetzt und so lange weiter bewegt, bis die Probe mit Phenolphthalein keine nennenswerte Rosafärbung zeigt; man wäscht dann 1—1½ Std. nach.

Da man Schlagriemenleder nur in Croupons verlangt, werden die Häute vor dem Beizen oder auch danach crouponiert, worauf gepickelt wird.   Man stellt eine Lösung aus

> 10%   Kochsalz
> 2%   Schwefelsäure 66° Bé

an, die 7° Bé spindeln muß, worin man sie 5—6 Std. walkt.

Erstes Bad.   3% Kaliumbichromat werden in einer genügenden Menge Wasser gelöst und 5% Salzsäure zugesetzt. Die Lösung soll 5° Bé messen und hiermit werden die Blößen 8—10 Std. gewalkt. Man legt sie dann Narben auf Narben 24 Std. zugedeckt auf Haufen, worauf sie dann in das zweite Bad kommen, bestehend aus 9—11% Antichlor. Diese Lösung muß 10° Bé spindeln, und darin werden die Leder ca. 10 Std. bewegt, danach 2—3 Tage über Böcke geschlagen, worauf sie entsäuert werden.

Bevor die Leder entsäuert werden, wäscht man sie ½ Std. in lauwarmem Wasser aus, neutralisiert mit 2% Sodabikarbonat 2% Borax 2—3 Std. und spült sie ca. 1½—2 Std.

Das Fetten wird stufenweise vorgenommen und so eine intensivere Wirkung erzielt. Die Leder (Croupons) müssen gut abgewelkt sein und werden danach gewogen. Man rechnet auf 300 kg Welkgewicht 37 kg Sirup. Sie werden so lange gewalkt, bis er gut aufgenommen ist. Man läßt hierauf wieder abwelken (ablüften) und fettet:

> 20 kg Talg
> 9 „ Degras
> 9 „ Tran
> 2 „ Schmierseife.

Nach beendeter Fettung wird in einem gut ventilierten Raume abgelüftet und das zweite Mal gefettet:

> 6 kg Seife
> 6 „ Talg
> 5 „ Degras
> 6 „ Tran.

Schlagriemen werden grünlich, gelb und auch in brauner Farbe verlangt. Zum Färben von Schlagriemen werden fettlösliche Farbstoffe verwendet und so der Zweck erreicht. Die grüne Farbe wird durch Schwefelnatrium erhalten. Die Zurichtung erfolgt wie bei Binderiemen.

J. Das Entgerben und Wiedergerben von Chromleder.

Fehlerhafte, z. B. überfettete, hart und blechige Leder gelten in der Regel als verdorben. Diese Ansicht ist bei dem zuletzt genannten Fehler stark vertreten, doch haben wir heute das Mittel in der Hand, uns helfen zu können.

Es wird gewiß manchen Gerber recht komisch vorkommen, auf bereits fertiges Leder das bekannte Schwefelnatrium als das in Frage kommende Mittel anzuwenden. Bei der Ausübung dieses Verfahrens geht man wie folgt vor:

Die Leder werden zunächst in warmem Wasser eingeweicht, darauffolgend im Waschfaß gewalkt und dann über Böcke zum Abtropfen geschlagen und dann gewogen.

2—4% Schwefelnatrium werden gelöst und diese Lösung auf 10⁰ Bé gestellt, in die man 4—6% Antichlor einrührt. Je nach der Stärke und Beschaffenheit des umzuarbeitenden Leders walkt man mit dieser Lösung 2—4 Std. Nach dieser Zeit gibt man durch die hohle Achse 3—4% Schwefelsäure 1 : 3 verdünnt und walkt die gleiche Zeit wie mit erster Lösung. Die Wirkung ist dann eingetreten, wenn das Leder die Kochprobe nicht mehr aushält, d. h. wenn es sich blößenartig anfühlt. Darauf wird 1 Std. gespült und dann nach dem Einbadverfahren ausgegerbt.

Bei einer kleinen Übung kann man allerlei Manipulationen vornehmen und verschiedenartige Lösungen zustande bringen, durch die man überrascht sein wird. Aber ohne Versuch kein Erfolg!

III. Allgemeines.

A. Die Kalkulation.

Neben einer guten kaufmännischen und technischen Leitung ist vor allen Dingen die Einrichtung einer Fabrik die Hauptsache, wenn der Betrieb gewinnbringend sein soll. Eine zweckentsprechende Einrichtung ermöglicht auch eine genaue Kalkulation, die ganz besonders heute unbedingt erforderlich ist. Wichtig ist dabei, daß man die Herstellungskosten genau ermittelt, da sich danach Ein- und Verkauf zu richten haben. Man hat sich bei der Kalkulation die Frage vorzulegen, ob das Endergebnis des Produktes oder das Rohprodukt selbst, also wie es zur Verarbeitung kommt, als für die Kalkulation maßgebend anzusehen ist. Eine sichere, für den Kaufmann unbedingt richtige Kalkulation ist die des Rohprodukts. Für den Einkauf einer Rohware sowie den Verkauf des daraus hergestellten Fertigprodukts ist dies unerläßlich und grundlegend. Fabriziert man Boxkalf, muß man, da der Einkauf per Kilogramm Salz- oder Grüngewicht erfolgt, wissen, wie hoch es sich stellt.

Beispielsweise:

1 kg Kalbfell kostet . . .	= 0,50 M.
Verbrauch an Material . .	= 0,16 ,,
Arbeitslöhne und Gehälter	= 0,25 ,,
Betriebsunkosten	= 0,20 ,,
Generalunkosten	= 0,10 ,,
Summa	1,21 M.

Bei sachgemäßer Arbeit ergibt 1 kg Salzgewicht 2 Quadratfuß fertiges Leder.

1 kg Kalbfell kostet inkl. Herstellungskosten 1,21 M.
1 kg ,, ergeben 2 Quadratfuß fertiges Leder à 0,75 M. = 1,50 M.

Damit ist aber noch lange nicht gesagt, ob der scheinbar ganz gute Gewinn als tatsächlich angesehen werden kann.

Eine derartige Frage ist grundsätzlich zu verneinen, da ein Gewinn nur im Endergebnis, von der Qualität der Partie Rohware, abhängig ist. Die Grundlage zur Berechnung ist richtig, wenn daher der Kaufmann eine Partie Kalbfelle, sagen wir 2000 Stück, kaufen will und dabei die Herkunft und die Beschaffenheit derselben kennt. Kann er sich außerdem ein Bild

über den Ausfall (Sortiment) machen, hat er es ohne weiteres
in der Hand, ob er den geforderten Rohpreis anlegen kann und
ob er mit entsprechendem Nutzen arbeitet oder nicht.

Den Einkauf soll daher der Fachmann selbst in den Händen
haben, um sich, resp. das Unternehmen vor evtl. Schaden zu
schützen, insofern nicht ein besonders eingearbeiteter Einkäufer
vorhanden ist.

B. Die Untersuchung des Chromleders.

Wasserbestimmung. 5 g der fein zermahlenen Probe
werden bei 100—150° C bis zur Gewichtskonstanz getrocknet
und der Gewichtsverlust in Prozenten auf das Leder angegeben.

Bestimmung des Aschegehalts. 2 g Leder werden im
Platintiegel auf gleiche Art wie beim lohgaren Leder veräscht
und die Asche zur Wägung gebracht.

Bestimmung des Chromoxydgehalts[1]). Der durch die
Veraschung erhaltene Rückstand wird mit ca. 3 g eines Gemisches
von 60 Teilen Soda, 20 Teilen Pottasche und 4 Teilen Kalium-
chlorat gut gemengt und im bedeckten Platintiegel erst schwach,
später während 15—20 Min. vor dem Gebläse erhitzt. Während
des Erhitzens vor dem Gebläse gibt man zweckmäßig noch zweimal
eine Messerspitze obigen Oxydationsgemisches zu, um dadurch
ein genügendes Schmelzen zu erreichen. Nach dem Erkalten löst
man die Schmelze in heißem Wasser auf, filtriert und verdünnt
das chromathaltige Filtrat auf ca. 150 cm³, fügt dann 5—10 cm³
konz. Salzsäure und 10 cm³ einer 10%igen Kaliumjodidlösung
hinzu und macht so eine der Chromsäure äquivalente Menge Jod
frei. Diese bestimmt man durch Titration mit einer ca. $^1/_{10}$-Thio-
sulfatlösung, indem 1 g Thiosulfat 0,1603 g Cr_2O_3 entsprechen.

Diese Methode, die die genauesten Chrombestimmungen ermöglicht, läßt sich in kurzer Zeit durchführen.

Bestimmung des Aluminiumoxydgehalts[2]). 3 g
Leder werden wie üblich verascht und hierauf die Asche wie oben
aufgeschlossen. Die erkaltete Schmelze wird in heißem Wasser
gelöst, filtriert und das Filtrat auf 250 cm³ aufgefüllt. In 100 cm³
derselben reduziert man die Chromsäure durch Zusatz von Salz-

---

[1]) Appelius: Collegium 1904, S. 124.
[2]) Appelius: Collegium 1904, S. 126.

säure und Alkohol und anhaltendes Kochen, worauf man mit Ammoniak das Chrom- und Aluminiumoxyd ausfällt und beide in bekannter Weise zur Wägung bringt.

Durch Abzug der früher gefundenen Menge des Chromoxyds von dieser Zahl erhält man das im Leder enthaltene Aluminiumoxyd.

Die Gesamtschwefelsäure im Chromleder bestimmen Levi und Orthmann[1]) folgendermaßen: Man übergießt 1 g fettfreies Leder in einem 250 cm³ Becherglas mit 20 cm³ Salpetersäure, erhitzt bis zum schwachen Sieden, fügt noch 8—10 cm³ Salzsäure hinzu und erwärmt, bis alle organischen Stoffe zerstört sind. Nun kocht man 2—3 Min. stark, setzt 5 cm³ Wasser und 5 cm³ Alkohol zu und kocht so lange, bis alles Chrom oxydiert und der Alkohol und die Aldehyde vertrieben sind. Dann fügt man noch 50 cm³ Wasser hinzu, kocht, fällt mit Bariumchlorid, läßt 2—3 Std. lang stehen und bringt das abgeschiedene Bariumsulfat wie üblich zur Wägung. Vor dem Zusatz des Bariumchlorids ist darauf zu achten, daß keine unlöslichen Mineralsalze (Talk, Bariumsulfat usw.) zugegen sind, bzw. ist von diesen abzufiltrieren.

C. Reaktionen der Säuren[2]).

Chlorwasserstoff HCl.

H_2SO_4 konzentriert entwickelt aus allen trokenen Chloriden farbloses, an der Luft rauchendes HCl, das Wasser am Glasstab nicht trübt. (Unterschied von HF.)

$AgNO_3$ fällt aus HNO_3-saurer Lösung weißes AgCl, löslich in $NH_4 \cdot OH$, KCN, $Na_2S_2O_3$.

Bromwasserstoff HBr.

$AgNO_3$ fällt gelbliches AgBr, unlöslich in $NH_4 \cdot OH$, KCN, $Na_2S_2O_3$.

Cl setzt aus Bromiden Br frei, das in CS_2 oder $CHCl_3$ gelbbraun löslich ist.

Jodwasserstoff HJ.

$AgNO_3$ fällt gelb AgJ, unlöslich HNO_3, fast unlöslich in $NH_4 \cdot OH$, löslich in KGN und $Na_2S_2O_3$.

---

[1]) Journ. Amer. Leath. Chem. Ass. 1916, 496.
[2]) Nach Grasser, Gerberei chemischer Laboratorien S. 9.

Cl scheidet aus Jodiden J aus, das in CS_2 rotviolett löslich ist und Stärke bläut.

Fluorwasserstoff HF.

Konzentrisch H_2SO_2 entwickelt aus Fluoriden HF, das als farbloses, stechend riechendes Gas an der Luft raucht und einen Tropfen Wasser am Glasstab trübt.

$BaCl_2$ erzeugt dicke voluminöse Fällung von BaF_2, das in überschüssiger Mineralsäure löslich ist.

Zyanwasserstoff HCN.

Verdünnte H_2SO_4 entwickelt in der Kälte HCN (Ausnahmen: AgCN und $Hg(CN)_2$).

$AgNO_3$ fällt weißes AgCN, löslich in KCN, $NH_4 \cdot OH$ und $Na_2S_2O_3$ unlöslich in verdünnter HNO_3.

Berlinerblau-Reaktion: Versetzt man etwas Alkalizyanidlösung mit NaOH und sehr wenig $FaSO_4$, kocht, säuert mit HCl an und fügt $FeCl_3$ hinzu, so entsteht Berlinerblau.

Rhodaneisenreaktion: Versetzt man die Alkalizyanidlösung mit gelben $(NH_4)_2 \cdot S_2$, verdampft zur Trockne, säuert mit HCl an und versetzt mit $FeCl_3$, so entsteht blutrotes $Fe(CNS)_3$.

Schwefelwasserstoff H_2S.

Verdünnte H_2SO_4 entwickelt aus allen löslichen Sulfiden H_2S. (Schwärzung von Bleiazetatpapier.)

$AgNO_3$ gibt schwarzes Ag_2S.

$Pb(NO_3)_2$ gibt schwarzes PbS.

Nitroprussidnatrium gibt mit wasserlöslichen Sulfiden eine prächtige rotviolette Färbung (freies H_2S muß erst an Alkali gebunden werden).

Fischers Reaktion: Versetzt man die zu prüfende Lösung mit $^1/_{10}$ ihres Volumens an konzentrierte HCl, fügt eine kleine Messerspitze p-Amidodimethyl-Anilinsulfat hinzu, rührt um und setzt 1—2 Tropfen $FeCl_3$ hinzu, so tritt eine prächtige Blaufärbung ein (äußerst empfindlich).

Schwefelsäure H_2SO_4.

$BaCl_2$ gibt in Säuren unlösliches $BaSO_4$.

$Pb(C_2H_3O_2)_2$ gibt weißes $PbSO_4$, löslich in konzentrierter H_2SO_4 und KOH.

Permangansäure $HMnO_4$.

$FeSO_4$, SO_2, $SnCl_2$, H_2O_2 und Oxalsäure entfärben saure Lösung. Alkoholisches $NH_4 \cdot OH$ reduziert neutrale und alkalische Lösungen zu $MnO(OH)_2$.

D. Indikatoren.

Indikatoren nennt man solche organische Substanzen, die durch Farbenumschlag die saure oder alkalische Beschaffenheit einer Lösung anzeigen. Die gebräuchlichsten Indikatoren sind Lackmus, Methylorange und Phenolphthalein.

Lackmus ist ein blauer Pflanzenfarbstoff, dessen Lösung durch Anwesenheit von Säure rot gefärbt wird.

Methylorange ist ein orangegelber Farbstoff, der in einer Lösung von 1 g im Liter Wasser als Indikator verwendet wird. Alkalische Lösungen werden durch ein paar Tropfen Methylorange blaßgelb, solche mit kleinsten Überschuß an Säure aber rosa gefärbt. Kohlensäure hat keinen Einfluß auf den Indikator.

Phenolphthalein ist ein farbloses Pulver, das in einer Lösung von 1 g in 100 cm³ Alkohol zur Verwendung kommt. Ein paar Tropfen zu einer neutralen oder sauren Lösung gebracht, läßt diese farblos, färbt sie aber stark rot beim Vorhandensein der geringsten Menge freien Alkalis.

E. Das Wasser.

1. Die Härte des Wassers.

Heutzutage schreibt man dem Wasser nicht mehr die große Bedeutung zu, doch kommt es auf dessen Beschaffenheit an, und es ist durchaus nicht gleichgültig, mit welchem Wasser man arbeitet. Heute hat man jedoch die Mittel in der Hand, um sich in jeder Beziehung hin helfen zu können. Reines Flußwasser, an dem keine Fabriken liegen, ist unbedenklich, hingegen ist solches, das durch Fabrikabwässer mehr oder weniger verunreinigt ist, gefährlich. Das Arbeiten mit hartem Wasser ist mit Ausnahme des Färbens und Fettens ohne Nachteile. Abnormes Wasser macht nur bei schwachem Hautmaterial Schwierigkeiten,

und zwar insofern, als auch bei saurer Angerbung leicht gezogener
Narbe entstehen kann. Bei der Herstellung von Rindbox und technischen Ledern, ist es ohne Gefahr und ohne Nachteile.

Die Härtebestimmungen des Wassers kann man wie folgt
anstellen:

Man verwendet eine alkoholische Lösung, die im Liter etwa
20 g reine, neutrale, weiße Olivenölseife enthält und auf eine Lösung
von 0,523 g reinem, kristallisiertem Chlorbarium im Liter destil-
lierten Wasser eingestellt ist, so daß 45 cm³ der Seifenlösung
100 cm³ der Chlorbariumlösung entsprechen. Diese Lösung entspricht genau einem Wasser von 12 deutschen Härtegraden.

Die Gesamthärte. Man pipettiert 100 cm³ des Wassers in ein
Stöpselglas von 200 cm³ Inhalt und fügt Normalseifenlösung zu, bis
der beim kräftigen Schütteln entstandene Schaum 5 Min. stehen
bleibt. Zeigt das Wasser mehr als 12 Härtegrade, so nimmt man
10 cm³, verdünnt diese mit destilliertem Wasser auf 100 und verfährt
wie oben. Aus der Anzahl der verbrauchten Seifenlösung berechnet
sich nach untenstehender Tabelle die Gesamthärte des Wassers.

Tabelle für die Härtebestimmung des Wassers.

cm³ Seife	Deutsche Härtegrade	cm³ Seife	Deutsche Härtegrade	cm³ Seife	Deutsche Härtegrade	cm³ Seife	Deutsche Härtegrade
3,4	0,5	15,1	3,5	26,2	6,5	36,7	9,5
5,4	1,0	17,0	4,0	28,0	7,0	38,4	10,0
7,4	1,5	18,9	4,5	29,8	7,5	40,1	10,5
9,4	2,0	20,8	5,0	31,6	8,0	41,8	11,0
11,3	2,5	22,6	5,5	33,3	8,5	43,4	11,5
13,2	3,0	24,4	6,0	35,0	9,0	45,0	12,0

Die vorübergehende Härte des Wassers oder der Gehalt
an Karbonaten wird am besten durch Titration mit $1/10$ oder
$1/50$ Normalsäure, mit Methylorange als Indikator bestimmt.
1 cm³ $1/10$ Normalsäure entspricht 0,0028 g CoO. Ist die so ge-
fundene Härte größer als die mit Seife bestimmte Gesamthärte,
so enthält das Wasser Alkalikarbonat.

Deutsche Härtegrade bezeichnen die Milligramme CaO in
100 g Wasser, französische die Milligramme $CaCO_3$ in 100 g
Wasser, englische die Grains $CaCO_3$ in 1 Gallon Wasser.

Das Alkalikarbonat kann evtl. bei einem abnormen Wasser,
bei der Bestimmung der Basizität der Gerbbrühe, mit berücksichtigt werden.

Vorteilhaft ist auch, wenn die Wassermenge, die zur An-
stellung der Vorgerbung dienen soll, mit einer dementsprechenden
Menge an Salzsäure versetzt wird, wobei man etwas Salz hinzu-
fügen kann.

**Tabelle zur Bestimmung der zur Korrektur des
Wassers nötigen Menge Essigsäure.**

cm³ ¹/₁₀ Normal-säure im Liter Wasser	Vorübergehende Härte in deutschen Graden	Auf 100 Liter Wasser sind erforderlich Gramm Essigsäure		
		8° Bé	7° Bé	6° Bé
2	0,56	2,6	3	4
4	1,12	5,2	6	8
6	1,68	7,8	9	12
8	2,24	10,4	12	16
10	2,80	13,0	15	20
12	3,36	15,6	18	24
14	3,92	18,2	21	28
16	4,48	20,8	24	32
18	5,04	23,4	27	36
20	5,60	26,0	30	40
22	6,16	28,6	33	44
24	6,72	31,2	36	48
26	7,28	33,8	39	52
28	7,84	36,4	42	56
30	8,40	39,0	45	60
32	8,96	41,6	48	64
34	9,52	44,2	51	68
36	10,08	46,8	54	72
38	10,64	49,4	57	76
40	11,20	52,0	60	80
42	11,76	54,6	63	84
44	12,32	57,2	66	88
46	12,88	59,8	69	92
48	13,44	62,4	72	96
50	14,00	65 0	75	100

**Vergleich zwischen deutschen, englischen
und französischen Härtegraden.**

Deutsch.	Engl.	Franz.	Deutsch.	Engl.	Franz.
0,5	0,62	0,9	2,0	2,5	3,58
0,56	0,7	1,0	2,24	2,8	4,0
0,7	0,87	1,26	2,4	3,0	4,3
0,8	1,0	1,43	2,5	3,13	4,48
1,0	1,25	1,79	2,8	3,5	5,0
1,12	1,41	2,0	3,0	3,75	5,37
1,5	1,88	2,69	3,2	4,0	5,73
1,68	2,10	3,0	3,36	4,2	6.0

Das Pickeln der Blößen soll stets mit einem Überschuß an Säure erfolgen, wodurch man sich von vornherein vor verschiedenen Nachteilen schützt.

Die noch sehr verbreitete Meinung, daß bei sehr hartem Wasser auch harte Leder resultieren, ist durch nichts begründet.

Der bei abnormem Wasser entstehende Narbenzug kommt sowohl bei dem Einbad als auch bei dem Zweibad vor.

Spannkraft und Temperatur des Wasserdampfes.

Temperatur	Tension in m/m	In Atmosphären	Druck auf 1 cm² in kg
+40°	54,906	0,072	0,07465
45	71,391	0,094	0,09706
50	91,982	0,121	0,12505
55	117,478	0,154	0,15972
60	148,791	0,196	0,20323
65	186,945	0,246	0,25417
70	233,093	0,306	0,31692
75	288,517	0,380	0,39227
80	354,643	0,466	0,48217
85	433,041	0,570	0,58877
90	525,450	0,691	0,71440
95	633,778	0,834	0,86168
100	760,00	1,000	1,03330
105	906,41	1,193	1,23236
110	1075,37	1,415	1,46210
115	1269,41	1,673	1,72592
120	1491,28	1,962	2,02755
125	1742,88	2,294	2,37098
130	2030,28	2,671	2,76037
135	2353,73	3,097	3,20013
140	2717,63	3,575	3,69400
145	3125,55	4,112	4,24050
150	3581,23	4,712	4,86904

2. Die Reinigung des Wassers.

Das in den Lederindustrien verwendete Wasser kann teils mechanische Verunreinigungen, die im Wasser suspendiert sind, teils eine mehr oder minder große Menge gelöster Salze enthalten.

Mechanische Verunreinigungen, wie sie z. B. Flüsse und Bäche nach Regengüssen mitführen, werden in Teichen zum Absitzen gebracht. Erhebliche Mengen gelöster Salze (Kalk und Magnesiaverbindungen) müssen durch chemische Mittel entfernt werden.

Wasser, das eine gewisse Menge Kalk- und Magnesiasalze gelöst enthält, nennt man hartes Wasser, und die Menge dieser gelösten Salze mißt man nach Härtegraden.

Der Grad der Härte wird in verschiedenen Ländern verschieden ausgedrückt, wie aus der Tabelle zu ersehen ist. Ein Wasser, welches doppeltkohlensauren Kalk enthält, verliert beim Aufkochen die Hälfte der an Kalk gebundenen Kohlensäure, und einfachkohlensaurer Kalk fällt aus (vorübergehende oder temporäre Härte).

Der Gehalt an Erdalkalisulfaten, die beim Aufkochen nicht ausfallen, wird als bleibende Härte bezeichnet. Die Summe der vorübergehenden und bleibenden Härte bezeichnet man als Gesamthärte.

Die Reinigung des Wassers für die Zwecke der Gerberei und Färberei, soweit man sich nicht hierfür des Kondenswassers bedient, kann erfolgen:

a) Nach dem Kalk-Soda-Verfahren in offenen Behältern oder in besonderen meist automatisch kontinuierlich wirkenden Apparaten.

b) Mittels des Permutitverfahrens. Eine Analyse des Wassers bezüglich des Gehalts an Karbonaten, Bikarbonaten, Sulfaten und Chloriden von Kalk, Magnesia und Eisen muß Aufschluß geben über die Art der Reinigung, bzw. die zu machenden Zusätze von Ätzkalk oder Ätznatron und Soda, um sämtliche Bikarbonate und Sulfate von Kalk, Magnesia und Eisen als Karbonate zu fällen, von denen das Wasser durch Absitzenlassen und Filtrieren getrennt wird. Da für den Prozeß des Mischens, Fällens und Klärens offene Behälter viel Platz beanspruchen, zumal sie für ununterbrochenen Betrieb doppelt vorhanden sein müssen, wird den kontinuierlich wirkenden Wasserreinigungsapparaten häufig der Vorzug gegeben.

Das Permutitverfahren, ein Patent des Prof. Dr. Gans, ausgeführt von der Firma Permutit-Filter Co., Berlin N 39, reinigt namentlich Wasser mit großer bleibender und geringer temporärer Härte, also gipsreiches Wasser, das für dieses Verfahren in Betracht kommt. Hierbei wird durch Filtration über Permutit, einem künstlichen Alkalitonerdesilikat (Zeolith), Kalk, Magnesia und Eisen aus dem Wasser entfernt. Durch Behandlung mit Kochsalzlösung wird die wasserreinigende Eigenschaft des Permutit regeneriert. Das Verfahren ist zwar kostspielig, liefert aber vollkommen weiches Wasser.

F. Verschiedene pflanzliche und tierische Produkte.

Leim kommt in Form gelblichbrauner Tafeln oder in gelatinöser Pastenform in den Handel. Leimlösungen gehen leicht in Fäulnis über, weshalb ihnen antiseptische Substanzen, z. B. Phenol, Salizylsäure, Borsäure usw., zugesetzt werden.

Weizenstärke darf nicht mehr als 15% Wasser und 0,5% Asche enthalten. Zur Herstellung des Kleisters wird die Stärke mit Wasser verrührt und unter stetigem Umrühren allmählich erwärmt. Sie quillt auf und wird bis zu einem bestimmten Momente immer dicker. Darauf fängt sie an, wieder dünner zu werden, und in diesem Zeitpunkt muß die Masse abgekühlt werden. Außer der Prüfung auf Wassergehalt und Asche werden die Stärkesorten auf Haltbarkeit untersucht. Man läßt den Stärkekleister einige Tage stehen und prüft mit Lackmus, ob er sauer geworden ist. Je länger er sich hält, ohne sauer zu werden, desto besser ist die dazu verwendete Stärke.

Ähnlich der Weizenstärke verhalten sich Reisstärke, Maisstärke, Kartoffelstärke, die in Lederappreturen Verwendung finden.

Weizenkleie findet als Reinigungsmittel, sowie als Zusatz zu Lederbeizen Verwendung.

Tragant ist ein eingetrockneter Pflanzensaft und bildet muschlige, blätterähnliche Stücke. Er ist das ergiebigste Verdickungsmittel, 60 g im Liter geben eine gute Verdickung. Er wird für sich allein und in Verbindung mit Weizenstärke und Weizenmehl angewandt. Man läßt den Tragant 24 Std. im Wasser aufquellen, worauf längere Zeit, am besten unter Druck, bis zu vollständiger Lösung erhitzt wird. Die Tragantsorten sind sehr verschieden, weshalb vor dem Einkaufen eine Verdickungsprobe gegen eine bekannte Sorte angestellt werden muß. Tragant findet unter anderem auch in der Lederappretur Verwendung.

Gummi. Arabisches und Senegalgummi werden als Verdickungs- und Appreturmittel benutzt. Sie sollen mit Wasser leicht eine helle, stark klebende Lösung geben.

Kasein, in Borax oder Soda gelöst, dient mit Formaldehydnachbehandlung als Appreturmittel für Leder.

G. Die praktischen Regeln des Chromgerbers.

1. Das Sortieren der Rohware muß gründlich durchgeführt werden!

2. In der Partie sollen möglichst gleichartige Häute oder Felle verarbeitet werden!

3. Das Konservieren der Rohware überwache sorgfältig!

4. Sei auf ein kurzes Weichen bedacht und vermeide erwärmtes Wasser.

5. Das Äschern führe kurz und nicht über 16° C durch.

6. Vermeide das schnellaufende Walkfaß, da das geschwellte Hautmaterial stark darunter leidet.

7. Dulde in keinem Falle, daß die geschwellte Blöße mit einem scharfen Werkzeug vom Narben aus bearbeitet wird.

8. Beize kurz und vermeide ein zu starkes Verfallen der Blößen, da die noch vorhandenen Kalkspuren zum Teil durch das Streichen und Auswaschen, restlos aber durch das Pickeln, beseitigt werden.

9. Zu starkes Beizen bewirkt leicht einen losen Narben.

10. Nach dem Pickeln prüfe, ob die Faser genügend sauergestellt ist.

11. Gerbe sauer an und sukzessive aus, dann wirst du ein volles und glattes Leder erhalten.

12. Kontrolliere die einzelnen Arbeiten streng, so ist für das gute Gelingen Sorge getragen.

13. Auf eine gute Einrichtung des Betriebs richte dein Augenmerk.

14. Das Trocknen führe nicht zu schnell durch.

15. Den Feuchtigkeitsgrad der Sägespäne überwache, insofern keine andere Arbeitsweise möglich ist.

16. Lasse die feuchten Leder nur leicht vorstollen, da ein zu starker Druck der Maschine den Narben ungünstig beeinflussen kann.

17. Ein sorgfältiges Waschen und Appretieren ist ausschlaggebend für das Aussehen des fertigen Leders.

18. Vermeide jedes längere Liegenlassen (mit Ausnahme nach dem Trocknen).

Hält der Chromgerber diese Regeln ein, wird er mit seinem Leder wohl zufrieden sein.

H. Maße und Gewichte.

1. Das metrische System.

1 Meter (m) = 10 Dezimeter (dm) = 100 Zentimeter (cm) = 1000 Millimeter (mm).

1 Liter (l) = 1000 Kubikzentimeter (cm^3).

1 Tonne (t) = 1000 Kilogramm (kg).

1 Kilogramm (kg) = 1000 Gramm (g).

2. Englische Maße und Gewichte.

1 Yard = 3 Fuß (feet) = 0,9144 m.

1 Fuß = 12 Zoll (inches).

1 Zoll = 2,540 cm.

1 Gallon = 4 Quarts = 8 Pints = 82 Gills = 4,5436 l.

1 Pfund (pound) = 16 Ounces = 453,59 g.

1 Ton = 1016 kg.

1 Ton = 20 Hundredweights (cwt) = 2240 Pounds.

3. Russische Maße und Gewichte.

1 Arschin = 16 Werschok = 0,7112 m.

1 Pud = 40 Pfund = 16,3805 kg.

1 Pfund = 96 Solotnik = 409,5 g.

J. Chemikalien.

Tabelle einiger Atomgewichte.

O = 16

nach den Feststellungen der Deutschen Chemischen Gesellschaft.

Aluminium	Al	27,1	Mangan	Mn	55
Antimon	Sb	120	Molybdän	Mo	96
Arsen	As	75	Natrium	Na	23,05
Barium	Ba	137,4	Nickel	Ni	58,7
Blei	Pb	206,9	Phosphor	P	31
Bor	B	11	Platin	Pt	194,8
Brom	Br	79,96	Quecksilber	Hg	203
Cadmium	Cd	112,4	Sauerstoff	O	16
Calcium	Ca	40	Schwefel	S	32,06
Cer	Ce	140	Silber	Ag	107,93
Chlor	Cl	35,5	Silizium	Si	28,4
Chrom	Cr	52,1	Stickstoff	N	14,04
Eisen	Fe	56	Strontium	Sr	87,6
Fluor	F	19	Titan	Ti	48
Gold	Au	197,2	Uran	U	239,5
Jod	J	126,85	Vanadin	V	51,2
Kalium	K	39,15	Wasserstoff	H	1,01
Kobalt	Co	59	Wismut	Bi	208,5
Kohlenstoff	C	12	Wolfram	W	184
Kupfer	Cu	63,6	Zink	Zn	65,4
Magnesium	Mg	24,36	Zinn	Sn	118,5

Anhang.

Alaun (Kali), $Al_2(SO_4)_3K_2SO_4 + 24H_2O$, technisch, dient er zur Herstellung des Weißgaren- und Glacéleders. In der Chromgerberei wird er als Zusatz zum Pickel und zur Vorgerbebrühe benutzt. Als Beize findet er bei Farbledern Verwendung.

Alkohol (Weingeist), C_2H_5OH, dient als Auflösungsmittel und zur Herstellung von Appreturen.

Ameisensäure, $HCOOH$. Sie findet Verwendung in der Wasserwerkstatt zum Entkälken der Blößen und in der Färberei als Zusatz zur Säurefarbflotte oder in solchen, wo Säurefarben vorhanden sind, um das Ausziehen derselben zu ermöglichen.

Ammoniak (Salmiakgeist), NH_3. In der Wasserwerkstatt findet es zu Lösung von Arsenik Anwendung.

Amylazetat wird zur Herstellung von Appreturen und als Verdünnungsmittel der Egalondeckfarben benutzt.

Antichlor (Natriumthiosulfat), $Na_2S_2O_3 + 5H_2O$, wird zur Herstellung der Schwefelleder und als Reduktionsmittel verwendet. Ein Zusatz von Schwefelnatrium wirkt bei der Schwefelgerbung sehr vorzüglich. Eine weitere Verwendung findet es zur Vorgerbung nach dem Pickeln, wenn mit Bichromatsalzen gegerbt wird, und zum Bleichen weißer Leder.

Arsensulfid (roter Arsenik), As_2S_2, findet in der Wasserwerkstatt als Anschärfungsmittel Verwendung.

Ätzkalk (gebrannter Kalk), CaO, hat eine ausgedehnte Verwendung in der Wasserwerkstatt als Äscherungsmittel.

Ätznatron (kaustische Soda), $NaOH$. Es findet Verwendung beim Schwöden der Schaffelle, um dadurch eine bessere Gewinnung und reinere Wolle zu erhalten. Es dient bei eingebrannten Ledern zum Bleichen. In der Färberei wird das zu färbende Leder damit vorbehandelt, wodurch eine reinere Nuance erhalten wird.

Azeton wird zur Auflösung von Zelluloid (Abfälle) benutzt, wodurch ein wasserunlöslicher Riemenleim erhalten wird.

Bariumchlorid, $BaCl_2 + 2H_2O$, findet als Beschwerungsmittel Verwendung. Um Sportsohlleder festzumachen, hängt man die entsäuerten Leder in eine solche Lösung ein. Leder, die mit Schwefelnatrium gebleicht wurden, werden damit nachbehandelt, um das Stippigwerden zu verhindern.

Bariumsulfat, $BaSO_4$, wird als Beschwerungsmittel benutzt, doch muß damit vorsichtig umgegangen werden, da das Leder sehr leicht danach ausschlägt und bei längerem Liegen zerstörend auf die Faser einwirkt.

Baumégrade sind solche, die die Dichtigkeit der Brühen anzeigen. Bei frisch angestellten Brühen oder solchen, die nicht zu oft gebraucht wurden und gestanden haben, sind sie ziemlich verläßlich, hingegen bei alten und abgestandenen Brühen unzuverläßlich.

Benzin dient zum Entfetten, zum Lösen, es findet hauptsächlich in der Zurichterei Verwendung.

Bittersalz (Magnesiumsulfat), $MgSO_4 + 7H_2O$, ist ein Beschwerungsmittel, das mit Zucker, Fetten und Extrakten gemischt zur Verwendung kommt.

Blauholz- oder Extrakt findet in der Färberei und Zurichterei ausgedehnte Verwendung.

Blockgambier wird in der Färberei und zum Nachgerben von Chromledern angewendet.

Blutalbumin dient zur Herstellung verschiedener Appreturen.

Borax, $Na_2B_4O_7 + 10H_2O$, ist ein leichtes Alkali, das zum Neutralisieren und zur Herstellung von Appreturen benutzt wird.

Borsäure, H_3BO_3. Die technisch reine Säure wird zum Entkälken der Blößen benutzt.

Brechweinstein, $K(SbO)C_4H_4O_6 + \frac{1}{2}H_2O$, findet in der Färberei zum Fixieren der Farbe Verwendung.

Buttersäure, $CH_3(CH_2)_2COOH$, ist ein Entkälkungsmittel.

Chromalaun, $Cr_2(SO_4)_3K_2SO_4 + 24H_2O$, enthält ca. 15 % Chromoxyd (Cr_2O_3), durch Zusatz eines Alkalis wird er neutralisiert (basisch gemacht) und zum Gerben verwendet. Die Basizität wird in Stufen eingeteilt, deren höchste $\frac{6}{12}$ ist.

Chromalin ist ein Chromextrakt, dessen Chromoxyd an nur ganz schwache organische Säuren gebunden ist, wodurch eine intensive Gerbung ermöglicht wird. Es läßt sich mit jedem Verfahren kombinieren.

Chromchlorid, Cr_2Cl_6, wird zum Gerben, hauptsächlich von Schaffellen, verwendet, es macht einen festen Narben und liefert eine schöne Chevreauimitation.

Chromsaures Kali (doppelt), $K_2Cr_2O_7$, enthält ca. 67—68% Chromoxyd (Cr_2O_3) und findet Anwendung bei dem Zweibadverfahren und der Kombinationsgerbung und zur Bereitung von Chromextrakten. In der Färberei zum Beizen, um eine gleichmäßige Nuance zu erzielen und als Zusatz zur Appretur.

Chromsaures Natron, $Na_2Cr_2O_7$, findet an Stelle von chromsaurem Kali Verwendung.

Degras ist ein vorzüglicher Fettstoff, er macht das Leder weich und sehr geschmeidig. Das Leder erhält einen molligen Griff.

Dema ist ein Leder- und Bleichöl.

Doppelkohlensaures Natron, $NaHCO_3$ (Sodabikarbonat) ist ein probates Entsäurungsmittel, das entweder allein oder 1 · 1, auch 1 · 2 mit Borax Verwendung findet.

Eigelb ist ein nachgerbendes Fett, das dem Chromleder Elastizität und einen schönen Griff erteilt.

Eisenvitriol, $FeSO_4 + 7H_2O$, dient zum Abdunkeln der Farben und zur Herstellung von Eisenschwärze, auch zu Appreturen.

Eiweiß. Appreturen davon benutzt man für farbige Leder.

Esko ist die Bezeichnung eines Beizmittels, das als Ersatz für Kot- und Kleienbeize dient.

Essigsäure, $C_2H_4O_2$, wird als Zusatz zu Bürstfarben gegeben, um den Ton lebhafter, feuriger zu machen.

Fettsäuren, der Wert aller Fette, hauptsächlich der der Seifen, wird durch sie bestimmt. Eine Seife mit 88% Fettsäure enthält 95—96% Seife bei einem Wassergehalt von 4—5%. Eine derartige Seife ist hochwertig, der Fettsäuregehalt soll nicht unter 70% sinken, da man sonst einen zu großen Wassergehalt hat.

Formaldehyd, CH_2O, wird den Gerbbrühen zugesetzt und in der Zurichterei zu verschiedenen Appreturen verwendet.

Formalin ist eine Verdünnung des Formaldehyd und wird wie ersteres verwandt.

Glaubersalz, $Na_2SO_4 + 10H_2O$, wird in der Färberei und Gerberei angewendet.

Gelatine dient zur Bereitung von Appreturen.

Glukose, $C_6H_{12}O_6$, ist ein Reduktionsmittel bei der Extraktbereitung, es dient zur Beschwerung für technische Leder.

Glyzerin, $C_3H_5(OH)_3$, Rohglyzerin wird an Stelle von Glukose verwendet.

Hämatine findet in der Färberei und Zurichterei anstatt Blauholzextrakt Verwendung.

Hautpulver wird zur Bestimmung des Gerbstoffs angewendet.

Hydrostatische Wage. Um das spez. Gewicht eines Körpers festzulegen, bedient man sich dieser Wage.

Japanwachs. Es ist in Äther, Benzin, Petroläther und in siedendem Alkohol leicht löslich, auch wird es geschmolzen. In der Zurichterei wird es zur Herstellung von Appreturen verwendet.

Kalialaun, siehe Alaun.

Kaliumbichromat, siehe doppelchromsaures Kali.

Kalz. Soda, Na_2CO_3, wird zum Neutralisieren der freien und gebundenen Säuren im Leder, sowie zum Basischmachen der Chrombrühen und zum Emulgieren der Fettlösungen benutzt.

Karbidöl dient zu Fettemulsionen, es ist ein verflüchtigendes Öl.

Karbolsäure, C_6H_5OH, die technisch reine Säure findet Anwendung bei Mehlbeizen, ferner als Zusatz zum Formaldehyd. Appreturen werden durch Zusatz von Karbolsäure vor dem Verderben geschützt.

Kasein dient zur Herstellung von Appreturen.

Klauenöl wird vorteilhaft zum Fetten farbiger Leder verwendet. (Es soll kältebeständig sein.)

Kleesalz, $KH(C_2O_4)C_2O_4H_2 + 2H_2O$, findet als Bleichmittel Anwendung.

Kochsalz, siehe Salz.

Kolophonium wird zum Einbrennen benutzt, es macht das Leder fest und dient gleichzeitig zur Beschwerung.

Koreon ist ein Chromextrakt in Körnern mit ca. 24 % Chromoxyd.

Koreon (weiß) ist ein milde wirkendes Neutralisierungsmittel.

Lackmus (Kontrollpapier) verwendet man zum Nachweis noch vorhandener Säuren.

Likrol ist ein hochwertiges Karbidöl.

Lipon kommt als fertiger Fettlicker in den Handel und zeitigt gute Resultate.

Magnesiumsulfat, $Mg \cdot SO_4 + 7H_2O$, siehe unter Bittersalz.

Mastix dient zur Bereitung von Appreturen.

Mehl benutzt man zur Bereitung von Beizen, wo es unter Zusatz von Sauerteig zur Gärung gebracht wird. Es wird auch dem Pickel zugesetzt und zur Glacégerbung verwendet.

Milchsäuren, $CH_3CHOHOOH$, findet Verwendung in der Wasserwerkstatt zum Entkälken der Blößen, in der Gerberei zum Pickeln und zur Reduktion; in der Zurichterei zum Abwaschen der Leder.

Mineralöle werden hauptsächlich zum Abölen der Leder verwendet, um das Ausschlagen zu verhindern.

Moëllon, siehe Degras.

Naphthalin dient zum Konservieren der Wollfelle, um sie vor Motten zu schützen. In Verbindung mit Schwefelsäure bildet sich die Sulfosäure, die eine sehr stark schwellende Eigenschaft besitzt.

Natriumazetat (essigsaures Natron), $NaC_2H_3O_2 + 3H_2O$, wird in der Färberei zum Neutralisieren der Säurefarbflotte verwendet.

Natriumbichromat (Chromnatron), siehe chromsaures Natron.

Natriumbisulfat, $NaHSO_4$, findet an Stelle von Glaubersalz und Schwefelsäure Anwendung.

Natriumbisulfit, $NaHSO_3$, ist ein bekanntes Reduktionsmittel, zum Egalisieren findet es vor dem Färben Anwendung.

Natriumchlorid (Chlornatrium), $NaCl$, siehe unter Salz.

Natriumperborat, $NaBO_3 + 4H_2O$, ist ein Oxydations- und Bleichmittel.

Natriumsilikat, $Na_2Si_4O_9$ (Wasserglas), wird zum Neutralisieren verwendet.

Natriumsulfat, siehe Glaubersalz.

Natriumsulfid, $Na_2S + 9H_2O$, siehe unter Schwefelnatrium.

Natriumsulfit, $Na_2SO_3 + 7H_2O$, dient als Beschwerungsmittel.

Natriumthiosulfat (unterschwefligsaures Natron oder Natriumhyposulfit), siehe unter Antichlor.

Natronlauge ist eine Lösung von Ätznatron.

Neradol, ein synthetischer Gerbstoff, wird sowohl bei dem Einbad, als auch bei dem Zweibadverfahren benutzt, da es eine
weich- und vollmachende Wirkung ausübt.
Neutralfett ist ein Fettungsmittel.

Ordoval, synthetischer Gerbstoff.
Oropon ist ein künstliches Beizmittel. Es enthält Enzyme der
Bauchspeicheldrüse. Die Wirkung ist schmutzlösend. Das
Beizen damit erfordert eine Überwachung.
Oxalsäure, $C_2O_4H_2 + 2H_2O$, wird als Bleichmittel verwendet.

Paraffin wird zum Einbrennen technischer Leder benutzt.
Phenolphthalein ist ein Indikator, das in einer Lösung von
1 g in 100 cm³ Alkohol zur Verwendung kommt.
Pottasche, $K_2CO_3 + 2H_2O$, wird beim Fetten unentfetteter
Schaffelle benutzt, um ein Verseifen und eine gleichmäßige Ver-
teilung des Fettes zu ermöglichen. Dabei wirkt es milder
als Soda.
Purgatol ist ein Entkälkungs- und Beizmittel.

Quebracho, der Auszug wird zum Nachgerben von Chromledern
in Verbindung mit Sumach und Gambier verwendet.

Reinigen der Hände. Diese werden mit Soda, darauf mit
übermangansaurem Kali gewaschen, bis dunkelbraune Färbung
eintritt, worauf mit Natriumbisulfit nachgewaschen wird,
darauf gespült und nochmals mit Seife gewaschen.
Rizinusöl wird zur Herstellung von Türkischrotöl und als Zusatz zu Deckfarben verwendet.

Salmiakgeist, NH_3, siehe Ammoniak.
Salzsäure, HCl. Diese Säure wird zum Entkälken, zum Pickel,
zum Freimachen der Chromsäure im Kalium oder Natriumbichromat und zur Reduktion bei dem Zweibadverfahren
benutzt, ferner zum Bleichen und zum Auflösen von Chromoxyd.
Schwefelnatrium, $Na_2S + 9H_2O$, ist ein bekanntes Anschärfungsmittel beim Äschern. Es findet ferner zur Herstellung
von Schwefelleder in Verbindung mit Antichlor und zum Ent-
gerben von Chromleder, sowie zum Bleichen chrom- und loh-
gegerbter Leder Verwendung. In der Färberei wird es als
Zusatz zu den Schwefelfarben benutzt.

Schwefelsäure, H_2SO_4, findet zum Bleichen und zur Herstellung naszierender Salzsäure, die zum Pickeln benutzt wird, Anwendung. Zum Entkälken ist sie nicht geeignet.

Schwefelsaure Tonerde, $Al_2(SO_4)_3 + 18H_2O$, wird an Stelle des Alaun verwendet.

Schweflige Säure, SO_2, wird zum Bleichen und zur Reduktion verwendet.

Schwerspat, $BaSO_4$, siehe Bariumsulfat.

Soda, kalziniert, Na_2CO_3, siehe kalz. Soda.

do. kaustisch, $NaOH$, siehe Ätznatron.

Stearin wird zum Einbrennen technischer Leder benutzt,

Sumach wird in der Färberei verwendet.

Talg (Rinds-) wird zum Fetten von technischen Ledern, gemischt mit anderen Fettstoffen, angewendet.

Talkum (Speckstein), auch Federweiß genannt, wird zu Appreturen und zum Auspudern von Ledern gebraucht.

Tannin findet in der Färberei und im Laboratorium Verwendung.

Terpentin setzt man den Appreturen zu, hauptsächlich solchen, die Schellack enthalten, um die Brüchigkeit zu verhindern.

Tetrachlorkohlenstoff, CCl_4, wird zum Entfetten von Ledern, insbesondere von Schaffellen, benutzt.

Titankaliumoxalat, $TiO(C_2O_4K)_2 \cdot 2H_2O$, findet in der Färberei als Zusatz zu vegetabilischen Gerbstoffen als Egalisierungsmittel Anwendung.

Titon ist ein Weichmittel für Pelzfelle.

Traubenzucker wird als Reduktionsmittel an Stelle von Glukose und schwarzer Appreturen verwendet.

Türkischrotöl wird zur Herstellung von Fettemulsionen erfolgreich verwendet.

Unschlitt wird zum Einbrennen und Fetten von technischen Ledern benutzt.

Unterschwefligsaures Natron, $Na_2S_2O_3 + 5H_2O$, siehe Antichlor.

Vanada-Entwickler. Dieser wird zur Erzielung gleichmäßiger Töne in der Färberei angewendet.

Venetianischer Terpentin dient zur Herstellung von Appreturen.

Wasser, H_2O, siehe Sonderbeschreibung.

Wasserglas, $Na_2S_4O_9$, siehe Natriumsilikat.

Wasserstoffsuperoxyd, H_2O_2, ist ein Bleich- und Reduktionsmittel.

Weizenkleie ist ein altbekanntes Beizmittel.

Weizenstärke wird den Appreturen zugesetzt.

Zellulose, gereinigt, findet mit doppeltchromsaurem Kali gemischt als Entkälkungsmittel für technische Leder Anwendung. Der Kalk geht eine Chromkalziumverbindung ein, die Blößen verfallen gut, und gleichzeitig findet eine Vorgerbung statt.

Zereon ist ein Ersatz für Weizenmehl.

Zeresin (Erdwachs) wird zum Einbrennen technischer Leder benutzt.

Zinnchlorid, $SnCl_4$, als Zusatz zur Weiche wirkt es antiseptisch, es macht die Häute frisch und findet daher besonders im Sommer Anwendung.

Zitronensäure, $C_6H_8O_7 + H_2O$, dient zur Entfernung von auf den Narben sitzenden Fettflecken.

Kenntnis der Wasch-, Bleich- und Appreturmittel.
Ein Lehr- und Hilfsbuch für technische Lehranstalten und die Praxis
von Ing.-Chemiker **Heinrich Walland,** Prof. an der Techn.-Gewerbl.
Bundeslehranstalt, Wien I. Zweite, verbesserte Auflage. Mit 59
Textabbildungen. (347 S.) 1925. Gebunden RM. 16.50

Die Gaufrage. Das Einpressen von Mustern in Textilien, Papier,
Leder, Kunstleder, Zelluloid, Gummi, Glas, Holz und verwandte Stoffe.
Von **Wilhelm Kleinewefers.** Mit 59 Textabbildungen. (117 S.) 1925.
Gebunden RM. 15.—

Die Chemie des Kautschuks. Von **B. D. W. Luff,** F. I. C.,
Wissenschaftlicher Chemiker, The North British Rubber Company,
Limited, Edinburgh. Deutsch von Dr. **Franz C. Schmelkes,** Prag.
Mit 32 Abbildungen. (220 S.) 1925. Gebunden RM. 13.20

Der Kautschuk. Eine kolloidchemische Monographie. Von Dr. **Rudolf
Ditmar,** Graz. Mit 21 Figuren im Text und auf einer Tafel. (148 S.)
1912. RM. 6.30; gebunden RM. 8.40

Die Zellulose. Die Zelluloseverbindungen und ihre technische Anwendung. — Plastische Massen. Von **L. Clément**
und **C. Rivière,** Ingenieur-Chemiker, Preisträger der Société d'Encou-
ragement pour l'Industrie nationale. Deutsche Bearbeitung von Dr.
Kurt Bratring. Mit 65 Textabbildungen. (291 S.) 1923.
Gebunden RM. 13.50

**Die chemische Betriebskontrolle in der Zellstoff- und
Papier-Industrie** und anderen Zellstoff verarbeitenden
Industrien. Von Dr. phil. **Carl G. Schwalbe,** Professor an der Forstl.
Hochschule und Vorstand der Versuchsstation für Holz- und Zellstoff-
Chemie in Eberswalde, und Dr.-Ing. **Rudolf Sieber,** Chefchemiker des
Kramfors-Konzernes, Sulfit- und Sulfatzellstoff-Werke, Kramfors,
Schweden. Zweite, umgearbeitete und vermehrte Auflage. Mit
34 Textabbildungen. (388 S.) 1922 Gebunden RM. 20.—

**Lunge - Berl, Taschenbuch für die anorganisch -
chemische Großindustrie.** Herausgegeben von Professor Dr.
E. Berl in Darmstadt. Sechste, umgearbeitete Auflage. Mit 16 Text-
figuren u. 1 Gasreduktionstafel. (350 S.) 1921. Gebunden RM. 9.60